Lebe deine
LEIDENSCHAFT

Laurence King Verlag GmbH
Jablonskistraße 27, 10405 Berlin
www.laurencekingverlag.de

Angaben zu den Auftragsfotos von Daniel Balda, Julie Devarenne, Anna Rosa Krau, Alex Maguire, Suzanne Pijnenburg, Shuhei Tonami und Dan Wilton finden sich im Bildnachweis auf Seite 128.

Dieses Buch wurde gestaltet und produziert von Laurence King Publishing Ltd, London

Lektorat der englischen Originalausgabe: Andrew Roff
Gestaltung: Mariana Sameiro

Übersetzung: Birgit van der Avoort, Havixbeck
Lektorat der deutschen Ausgabe: hauffe publishing, Dortmund
Satz: Igor Divis, Dortmund
Projektleitung: hauffe publishing, Dortmund

ISBN: 978-3-96244-132-6
1. Auflage 2020
Hergestellt in China

Laurence King Publishing setzt sich für eine ethische und nachhaltige Produktion ein. Wir sind stolzes Mitglied des Book Chain Project®.
Bookchainproject.com

Lebe deine
LEIDENSCHAFT

Nina Karnikowski

Aus dem Englischen von Birgit van der Avoort

Laurence King Verlag

INHALT

EINLEITUNG

Wenn uns die sozialen Medien eines glauben lassen wollen, dann, dass außergewöhnliche Biografien den Menschen einfach so in den Schoß fallen.

Wir werden ständig mit glanzvollen, beneidenswerten Lebensbildern bombardiert, die unerreichbar und unerklärlich scheinen. Wir fragen uns, wie diese Menschen es so weit gebracht haben und wie sie eigentlich ihre Rechnungen bezahlen.

Ich kenne das nur zu gut, denn als freie Reiseschriftstellerin, die ständig beneidenswerte Hochglanzfotos auf Instagram postet, wird mir meist dieselbe Frage gestellt: Wie um alles in der Welt kannst du mit dem Reisen Geld verdienen? Und wie kann ich das auch machen?

Reiseschriftstellerin zu sein ist ein ungewöhnlicher Beruf. Ich bereise Dutzende von Ländern im Jahr, meist im Auftrag von Reiseveranstaltern, die ihre Produkte in den Zeitungen, Zeitschriften und auf den Websites, für die ich schreibe, abgebildet sehen möchten. Aber ich würde lügen, wenn ich sagte, dass der Weg dorthin leicht war, denn das war er keinesfalls.

Für mich bedeutete es ein fünfjähriges Studium der Journalistik und Internationale Studien, mit einem Studiendarlehen von 35.000 australischen Dollar (21.120 Euro), das ich noch heute abzahle, während ich gleichzeitig unbezahlte Praktika annahm. Anschließend kam die Phase des Bettelns – E-Mails an die Zeitung, für die ich arbeiten wollte, Woche um Woche, Monat um Monat. Schließlich gab man nach, und ich schuftete dort für die nächsten fünf Jahre, bis man mir eine geheiligte Autorenstelle im Reiseressort anbot, die es mir ermöglichte, meinen Traum von einem Jahr in Indien zu erfüllen.

Achtzehn Monate später wurde die Zeitung umstrukturiert, und ich stand ohne Job da. Zuerst glaubte ich, mein Leben sei vorüber, aber schnell erkannte ich, dass die Situation ein echtes Geschenk war. Hier war meine Chance, mir das Leben zu erschaffen, das ich nur aus dem Augenwinkel angeschaut hatte, ein Leben, das nicht aus einem klassischen geregelten Arbeitstag bestand.

Zuerst beauftragte ich für 300 australische Dollar (176 Euro) einen Webdesigner in Serbien damit, meine Website einzurichten, ich eröffnete einen Reise-Account bei Instagram und lernte, bessere Fotos und Videos zu machen, damit ich beides zusammen mit meinen Geschichten verkaufen konnte. Im ersten Jahr, in dem ich vor allem von der Abfindung von meinem alten Job lebte, baute ich mir meine Selbstständigkeit auf und verschlankte mein Leben, um die Fixkosten möglichst gering zu halten. Mein Mann und ich zogen in eine alte Wohnung auf der Farm seiner Familie einige Stunden außerhalb der Stadt, wodurch sich die Kosten reduzierten. Wir richteten uns mit alten Möbeln von Verwandten, Freunden und vom Flohmarkt ein. Ich kaufte keine Kleidung mehr, ging nicht mehr zum Friseur und gab kein Geld für teure Abendessen aus. Auch das Auto, für das ich gespart hatte, kaufte ich nicht, um die Arbeit zu machen, die ich so liebte.

Haben sich die Entbehrungen ausgezahlt? Auf jeden Fall. Seitdem habe ich Dutzende von Ländern bereist – von der Antarktis, Indien und Sambia bis nach Japan, Nepal, Peru und viele andere Länder.

Diese Reisen haben meinen Horizont erweitert, und ich hoffe, dass meine Reportagen bei meinen Lesern das gleiche erreichen.

Natürlich hat das Leben seine Schattenseiten. Ich habe mehr Hochzeiten und Geburtstage verpasst, als ich zählen kann. Für Familie und Freunde bleibt kaum Zeit, ich bin häufiger müde und krank, als ich es ohne Reisen wäre, und ich verdiene viel weniger als die meisten meiner Freunde. Aber ich liebe meine Arbeit über alles. Sie gibt mir so viel intellekuelle, kreative und spirituelle Anregung, und sie ermöglicht mir ein Leben, das ich mir als Kind nie hätte vorstellen können.

Die Sache ist die: Du kannst das machen, was du liebst und damit dein Geld verdienen. Solltest du glauben, dass du die Instrumente dafür noch nicht in den Händen hältst, möchte dieses Buch sie dir geben. So kannst du dir dein eigenes kreatives, erfülltes Leben erschaffen, eines,

von dem du keinen Urlaub brauchst. Geld zu verdienen und gleichzeitig zu leben, muss kein Widerspruch sein.

Dazu habe ich mit 26 kreativen Menschen auf der ganzen Welt gesprochen, die mir erzählt haben, wie sie sich ihr ideales Leben eingerichtet haben, als Keramiker im Busch, als Holzschnitzer auf einer Insel, als

Chocolatière am Meer oder als Kreativnetzwerkerin auf einem Schiff. Diese Menschen erzählen ungeschminkt von der harten Arbeit und den Entbehrungen, die sie auf sich genommen haben, um sich das außergewöhnliche Leben zu erschaffen, das sie heute leben. Auch du kannst dir ein ideales Leben erschaffen. Durch ihre Geschichten, ihre Tipps und durch einige Übungen lernst du, dir selbst zu vertrauen, Risiken einzugehen, aus deinen Fehlern zu lernen und deine Leidenschaft zu Geld zu machen.

Wenn du berühmt oder auf die Schnelle reich werden willst, dann ist dies nicht das Buch für dich. Doch wenn du dir wünschst, mehr Freude an den einfachen Dingen zu haben, deinen Stress herunterzufahren, die Kontrolle über deine Zeit und Energie zu behalten, zu reisen, inspirierende Menschen kennenzulernen und dir eine erfolgreiche, zielgerichtete Karriere in dem Beruf, den du liebst, aufzubauen, dann lies weiter. Dieses Buch ist für dich.

NK

Die Chocolatière
über ihre süße Mission

„*Folge deinen Träumen – nur so kannst du wahre Erfüllung finden.*"

Für die 35-jährige Emica Penklis, die immer davon geträumt hatte, sich eine Bio-Schokoladenmanufaktur mit Wohlfühlfaktor aufzubauen, war es kein einfacher Weg. Doch sieh dir an, wie ihr Leben heute aussieht. Sie führt das gut laufende *Loco Love* in dem australischen Surfort Byron Bay und kann von sich behaupten, dass sich alle ihren Mühen gelohnt haben.

Seit Emica 2013 mit einer Steuererstattung von 1.000 australischen Dollar (616 Euro) Loco Love gegründet hat, hat sie ihr ganzes Wissen über Gesundheit und Funktion des menschlichen Körpers, das sie sich während ihrer dreieinhalbjährigen Ausbildung zur Heilpraktikerin erworben hat, und fast jeden Cent, den sie in Teilzeitjobs verdient hat, in den Aufbau ihres Unternehmens gesteckt. Sie hat sich alles beigebracht, was sie heute kann – von der Herstellung veganer Schokolade ohne Gluten und raffinierten Zucker, dafür mit Superfoods und Kräutern, bis zur Rechnungsstellung und Buchhaltung. Sie weiß inzwischen alles über Marketing, Einrichtung eines Küchenbetriebes, Verpackungsgestaltung, Mitarbeiterführung und vieles mehr. Dazwischen lagen Maschinenausfälle, in Konkurs gegangene Zulieferer, Nachahmer und Kunden, die vor den höheren Preisen von „gesunder" Schokolade zurückschreckten.

Emica musste auch gegen die Skepsis ihres Umfelds ankämpfen, als sie diesen nicht traditionellen Weg beschritt. „Als ich Loco Love gründete, machte sich mein Partner oft über die Idee lustig, vor allem wenn es um den wirtschaftlichen Ertrag ging. Freunde und Familie unterstützten mich, aber sie alle waren quasi schockiert, dass ich von der Schokoladenherstellung sogar leben konnte", sagt Emica. „Selbst heute, auch wenn ich es nicht gern zugebe, wird eine junge und relativ unerfahrene Geschäftsfrau noch immer von vielen nicht ernst genommen, solange sie nicht bewiesen hat, dass sie ein Profi ist und in allen Geschäftsangelegenheiten verlässlich und beständig agiert."

Doch der Erfolg hat all das wettgemacht: Emica hat sich ihre eigene Schokoladenmanufaktur in Byron Bay aufgebaut, die sie heute zusammen mit ihrem Mann betreibt. Sie erschien in der Vogue und, wahrscheinlich der größte Sieg: Sie kann sich mit ihrer Leidenschaft ihren Lebensunterhalt verdienen. Sie arbeitet mit den Händen, so wie sie es sich von klein auf vorgestellt hatte, sie kann sich die Zeit frei einteilen und bildet mit anderen Geschäftsleuten eine inspirierende Gemeinschaft. Zudem wird sie jeden Tag an ihrem Lieblingsort vom Geräusch des Meeres geweckt.

„Ich verbrachte viele Jahre damit, die Gesellschaft, in der wir leben, nicht zu verstehen oder nicht zu akzeptieren. Wir arbeiten in Berufen, die wir hassen, für Geld, um uns Dinge zu kaufen, die wir nicht brauchen, und jedermann beklagt sich ständig über irgendetwas", so Emica.

„Schließlich dämmerte es mir, dass wir nur die Welt verändern können, wenn wir selbst die authentischste, inspirierte und liebeserfüllte Version unseres eigenen Ichs sind. Und das ist zum Bestandteil meines Firmenethos geworden."

Wenn es eines gibt, was wir von Emica lernen können, dann dieses: Folge deinem Herzen und erschaffe dir dein Traumleben – in dem du die Regeln festlegst und frei von gesellschaftlichen Zwängen agierst – was nicht bedeutet, dass dein Leben frei von Kampf ist. Aber weil du etwas tust, das du liebst, und ein sinnerfülltes Leben führst, ist es den Kampf wert.

Emicas Tipps:

- Sei <u>wirklich ehrlich</u> zu dir selbst, wenn es um deine Wünsche geht. <u>Schreibe sie auf.</u>

- Frag dich selbst: <u>Was kann ich beitragen</u>, was andere nicht können?

- <u>Das, was du tust</u>, zeigt mehr als das, <u>was du glaubst</u>.

LocoLove.com
@locolovechocolate

Yuichi Takeuchi
Der Tiny-House-Bauer
über das einfache Leben

„Reduziere deinen Lebensraum, und du entdeckst das für dich bestimmte Leben."

Wenn es für Yuichi Takeuchi etwas gibt, das Menschen von seiner Arbeit als Tiny-House-Bauer mitnehmen sollten, dann ist es, mit weniger zu leben, damit sie sich auf das konzentrieren können, was wirklich zählt: Familie, Gemeinschaft und Natur.

Der 45-jährige Yuichi begann seine Arbeit an Tiny Houses vor zwölf Jahren, als er nach Japan zurückkehrte. Vorher hatte er acht Jahre in London und Amsterdam gelebt, Kunst und Möbel geschaffen und gleichzeitig als Sushi-Koch gearbeitet. „Nachdem ich so lange in diesen beiden großen Städten gelebt hatte, kam ich zurück nach Japan und fühlte mich sofort von den Wäldern angezogen", erzählt er.

Er begann, pädagogische Umweltprogramme für Kinder in der gebirgigen Yamanashi-Präfektur zu konzipieren. Um mehr Menschen in die Berge zu locken, baute er Baumhäuser als Übernachtungsmöglichkeiten und griff dabei auf seine erlernten Fertigkeiten zurück, mit denen er Kindern beigebracht hatte, Waldunterstände zu errichten. Sein Vorhaben wurde ein Erfolg, und er baute Dutzende von Baumhäusern. 2010 startete er schließlich sein eigenes Unternehmen Tree Heads & Co. und verlegte sich bald von Baumhäusern auf Tiny Houses. „Ich liebte diese Tiny-House-Philosophie, die Menschen ermutigt, ihr Leben einfacher zu leben", sagt er.

Yuichi zog mit seiner Frau und seinen beiden Kindern in ein kleines Haus auf dem Land, etwa drei Stunden von Tokio entfernt, und baute zudem ein Tiny House auf Rädern, das er als Büro und für Familienurlaube nutzt. Seit sie auf kleiner Fläche lebten, so Yuichi, würden er und seine Familie mehr Zeit draußen verbringen und hätten eine stärkere Beziehung zur Natur und zur örtlichen Gemeinde aufgebaut. „Die Menschen auf dem Land führen ein entspanntes Leben und helfen sich untereinander. In der Stadt war ich dazu viel zu beschäftigt", erklärt er. „Hier kann ich Dinge für meine Nachbarn entwerfen und bauen und bekomme im Tausch dafür Gemüse.

Wir tauschen lieber, als mit Geld zu bezahlen – das Leben ist so einfacher und angenehmer."

Yuichis Gemeinde unterstützte ihn 2017 bei seinem Vorhaben, den Dokumentarfilm *Simplife* über die amerikanische Tiny-House-Bewegung zu drehen. „Ich bin nur ein Baumeister – ich konnte weder einen Film drehen noch die Musik einspielen oder mich um die Grafik und die Website kümmern, sodass mich Freunde vor Ort beim Filmdrehen unterstützten", sagt er.

Yuichi ist ein leidenschaftlicher Streiter für ein Leben, das er als „menschengerecht" bezeichnet und das sich auf kleinerem Raum und mit weniger Besitz manifestiert. „Menschen sind häufig von so vielen Dingen umgeben, die ihr Leben nicht glücklicher machen und für die sie hart arbeiten müssen", sagt er. „Auf kleinerem Raum zu leben, bedeutet auch, dass du nur von Dingen umgeben bist, die du liebst. Du musst auf weniger Besitz achten und hast deshalb mehr Zeit und Energie für das wirklich Wichtige im Leben."

Yuichis Tipps:

- Schau dir deinen Besitz an und frag dich, so wie es Marie Kondo vorschlägt, <u>ob er dich glücklich macht</u>. Wirf alles weg, was dich nicht glücklich macht.

- Suche dir <u>Gleichgesinnte</u>. Diese Menschen werden dir helfen und dir <u>neue Fertigkeiten</u> beibringen.

- <u>Bau dir Dinge, die du dir wünschst</u>, statt sie dir zu kaufen. Das spart Geld und fördert die Kreativität.

Mukul Bhatia

Der Fotograf und Kreativberater
über das Nomadenleben

„*Stell einen Finanzplan auf, reduziere deine Ausgaben und stecke alle Energie in dein Vorhaben.*“

„Wenn ich mir Reise-Websites anschaue und die Orte sehe, die ich besuchen könnte, und mir die Projekte vorstelle, die ich dort umsetzen könnte, dann bereitet mir das mehr Freude, als alles Materielle es je vermag", sagt der 30-jährige Inder Mukul Bhatia.

Es ist vor allem diese nicht-materialistische Haltung, die Mukul dorthin gebracht hat, wo er heute ist – 80 Prozent des Jahres reist er zu den entlegensten Orten, verdient sein Geld mit Fotoprojekten und der Kreativberatung für nachhaltige Unternehmen.

Das furchtlose Streben nach Neuem und Anderem war entscheidend für Mukuls berufliche Laufbahn. Mit 21 Jahren machte er in Delhi seinen Master in Fotografie und visueller Kommunikation und begab sich dann auf eine siebenmonatige Reise durch Indien. Er lebte mit Stämmen in Rajasthan, Hippies in Goa, transsexuellen Prostituierten in Pune und Mystikern bei der Maha Kumbh Mela, einem der weltgrößten Spirituellen-Treffen. Diese Reisen bestimmten seinen Lebensweg und seine kreative Sprache. Anschließend arbeitete er zwei Jahre als Fotojournalist für ein Medienunternehmen und berichtete vor allem über den Kaschmir-Konflikt. „Mit dem Krieg zu leben, bedeutete auch, ständig mit dem Gedanken an die eigene Sterblichkeit konfrontiert zu werden. Das führte mir deutlich vor Augen, dass man sein Leben so leben muss, wie man es möchte", sagt er.

Von diesen Abenteuern inspiriert, stellte Mukul 2015 das anthropologische Online-Projekt Nomadic Origin auf die Beine. Dank eines Förderstipendiums des Textilunternehmens MATTER Prints, das er um eigene Ersparnisse ergänzte, konnte er Nomaden in 21 Ländern fotografieren und über sie schreiben. Er lernte Website-Codieren, Location-Scouting, Social-Media-Strategien und vieles mehr.

Während dieser Zeit wuchs Mukuls Instagram-Präsenz, sodass interna-

tionale Marken auf seine Arbeit und seinen exzentrischen persönlichen Stil aufmerksam wurden. Diese Marken beschäftigen ihn heute als Fotografen und Kreativberater und schicken ihn auf ihre Kosten zu Aufträgen in der ganzen Welt. Mukul verlangt zwischen 1.500 Dollar (1.320 Euro) und 10.000 Dollar (8.800 Euro) für seine Marketing-, Branding- und Social-Media-Strategien und verdient inzwischen auch an gesponserten Posts auf seinem Instagram-Account.

Obgleich viele Menschen Mukuls nomadischen Lebensstil zu einem echten Fetisch stilisieren, sagt er, dass dies nicht für jeden etwas sei. „Instagram zeigt nicht die Schattenseiten, wie den Verzicht auf einen geregelten Alltag oder wichtige Ereignisse. Und wenn du nicht gern allein bist, dann ist es

gut möglich, dass du dieses Leben hasst", meint er. „Aber ich liebe es, mich in andere hineinzuversetzen, deren Wirklichkeit so weit von meiner entfernt ist. Und es gibt mir große Befriedigung, das in meiner Arbeit zu zeigen", sagt er.

Mukul hat sich gegen ein festes Zuhause entschieden und wohnt bei seiner Familie oder zur Kurzzeitmiete, wenn er daheim in Delhi ist. „Ich gebe mein Geld für Dinge aus, die mich wirklich glücklich machen – meist für Reisen und gutes Essen. Es ist kein Verzicht. Ich setze meine Prioritäten und lebe nicht in einem von der Gesellschaft bestimmten „Auto-Modus", unterstreicht er. In Mukuls Leben geht es weniger um das Anhäufen von materiellem Besitz, sondern mehr um das „Kuratieren von Märchen für zukünftige Enkel".

Mukuls Tipps:

- <u>Identifiziere deine Stärken und Schwächen</u>. Schreib sie auf.

- Gib bei Skyscanner „Alle Orte" als Reiseziel ein und schau, wie weit du kommst.

- Lies *Wabi-Sabi* von Leonard Koren. Das Buch betrachtet die japanische Idee der unvollkommenen Schönheit und hilft dir, <u>mit weniger glücklich zu sein</u>.

mukulbhatia.com
@foundintranslations

Links: Banjara-Frauen, Ausschnitt aus *Nomadic Origins*, 2015
Unten: Arbeit aus Kaschmir, 2016

„Entscheide dich für das Einfache, dann sparst Geld und hast mehr Zeit, das Leben zu genießen."

Als die deutsche Fotografin Anne Schwalbe vor fünf Jahren ein verfallenes 150 Jahre altes Häuschen auf dem Land, etwa zwei Stunden außerhalb von Berlin, kaufte, war sie von dem Gedanken, fortan ihre Wochenenden mit der Renovierung zu verbringen, eher begeistert als entmutigt.

„Ich liebe es, mit meinen Händen zu arbeiten", sagt die 45-Jährige, die ihre Zeit zwischen dem Haus und ihrer Wohnung im Zentrum von Berlin aufteilt. „Ich freue mich auf die monotone Arbeit. Ich repariere Fenster. Jäte Unkraut im Garten, hacke Holz und heize den Ofen. Ich mag diese einfachen Dinge."

Die einfachen Dinge im Leben sind eine große Inspirationsquelle für Annes naturnahe, ätherische analoge Fotografie, bei der sie mit Licht und Alltagsgegenständen experimentiert. Sie hat inzwischen fünf Fotobücher veröffentlicht, und ihre Arbeiten werden regelmäßig in Galerien auf der ganzen Welt ausgestellt, von Tokio bis New York und Amsterdam.

Annes Weg zur Fotografie verlief keineswegs geradlinig. In ihren Zwanzigern war sie auf der Suche nach ihrer Rolle im Leben. Sie studierte an der Universität Deutsche Literatur und Kulturwissenschaften, arbeitete dann in einem Verlag, einem Blumenladen und bei einem Radiosender. Erst mit dreißig schrieb sie sich für einen vierjährigen Fotokurs an der Ostkreuzschule in Berlin ein. Seitdem arbeitet sie in Vollzeit als freiberufliche Fotografin und Künstlerin. „Es wäre für mein Bankkonto viel besser, wenn ich eine normale 40-Stunden-Woche in einem Büro arbeitete, aber ich schätze die Freiheit, die ich habe, die interessanten Projekte, die ich mache, die interessanten Menschen, die ich treffe, und die Orte, die ich sehe", sagt sie.

Mit Absicht hat Anne alles in ihrem Leben sehr schlicht gehalten, sowohl um Geld zu sparen als auch um sich selbst anzuhalten, es langsamer angehen zu lassen. Sie besitzt beispielsweise keinen Geschirrspüler

und wäscht stattdessen lieber mit der Hand ab. Sie besitzt kein Auto, sodass sie mit dem Fahrrad unterwegs ist. Durch diese Philosophie vom einfachen Leben blieb Anne zusätzliches Geld für ihre Fotografie. Sie brachte sich selbst das Nähen bei, um ihre eigenen Kleider zu schneidern. Inzwischen verkauft sie ihre selbst gemachten Pullover neben ihren Kunstwerken und ihren Fotobüchern in ihrem Online-Shop. Sie baut ihr eigenes Essen und Blumen in ihrem wilden zweieinhalb Hektar großen Garten an und wurde deshalb im Frühjahr 2018 Gartenkolumnistin der deutschen Wochenzeitung *Die Zeit*.

„Lange Zeit war ich unglücklich und sehnte mich nach etwas, aber ich wusste nicht, nach was", sagt Anne. „Mein Selbstvertrauen war nicht besonders groß, und ich redete mir ein, dass ich viele Dinge nicht konnte, wie etwa Modedesign oder Fotografie. Nun hat sich alles zusammengefügt, und ich kann nicht glauben, jemals so gedacht zu haben."

Annes Tipps:

- Hör auf, Ja zu Dingen zu sagen, die du nicht tun willst.

- Versuche, <u>mehr mit der Hand herzustellen</u>. Es beruhigt und <u>spart Geld</u>.

- Wenn etwas kompliziert zu werden droht, dann denk an mein Lieblingswort *weitermachen*. Fang mit der Arbeit an und <u>mach einfach weiter</u>.

Anneschwalbe.de
@anneschwalbe

GARTEN (Silberblatt), 2018

Erstelle eine Mindmap deines Lebens

Es ist an der Zeit, etwas mehr Marie Kondo in dein Leben zu bringen. Zeit, sich auf die Basics zu konzentrieren und alles Überflüssige aus deinem Leben zu entfernen. Die Mindmap ist ein wundervolles Instrument, um dieses Vorhaben umzusetzen, denn sie zeigt dir direkt, was deine kostbarsten drei Ressourcen – Zeit, Geld und Energie – am stärksten belastet.

Nimm ein Blatt Papier und schreibe deinen Namen in die Mitte. Zeichne von dort drei Äste: jeweils einen für Zeit, Geld und Energie. Als Nächstes ziehst du kleine Zweige von diesen drei Ästen, die jeweils abbilden, was diese spezielle Ressource schwächt. Zum Schluss betrachtest du deine Mindmap, um zu sehen, was die größten Zeit-, Geld- und Energiefresser sind. Versuche sie zu eliminieren, damit du deine Zeit so effektiv wie möglich einsetzen kannst.

Als Reaktion auf meinen Zeitzweig habe ich mir beispielsweise selbst Regeln auferlegt. So schalte ich immer wieder für bestimmte Zeiten am Tag E-Mails und Social Media ab. Für den Haushalt habe ich mir Hilfe geholt. Obwohl ich dafür Geld ausgeben musste, hat es meine Kreativität erhöht, was wiederum Einkommen generiert. Beim Faktor Geld bin ich die Kontoauszüge der letzten sechs Monate durchgegangen und habe einige nicht ganz so wichtige Lastschriften gekündigt, habe weniger fürs Essen außer Haus veranschlagt und habe mir kreative kostenlose Möglichkeiten überlegt, meine freie Zeit zu gestalten. Beim Thema Energie habe ich mich bewusst bemüht, positiver zu denken und mich mit optimistisch denkenden Menschen zu umgeben.

Du solltest diese Mindmap regelmäßig erstellen, vielleicht sogar jeden Monat. So wirst du deine Ziele schneller umsetzen und kannst deine Fortschritte konstant überdenken und optimieren.

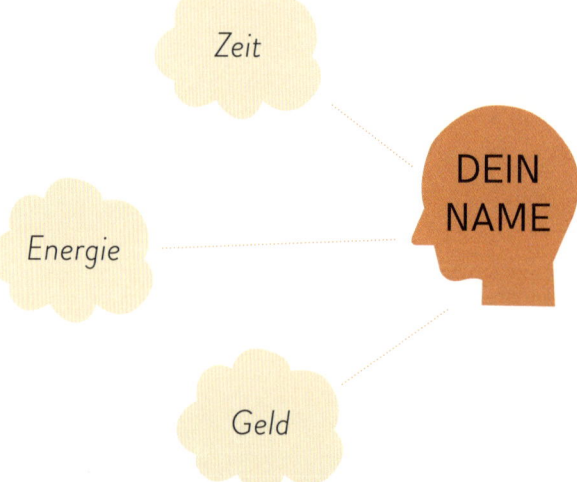

Hier siehst du, wofür ich die meiste
Zeit und das meiste Geld aufwende,
und wohin meine Energie fließt.

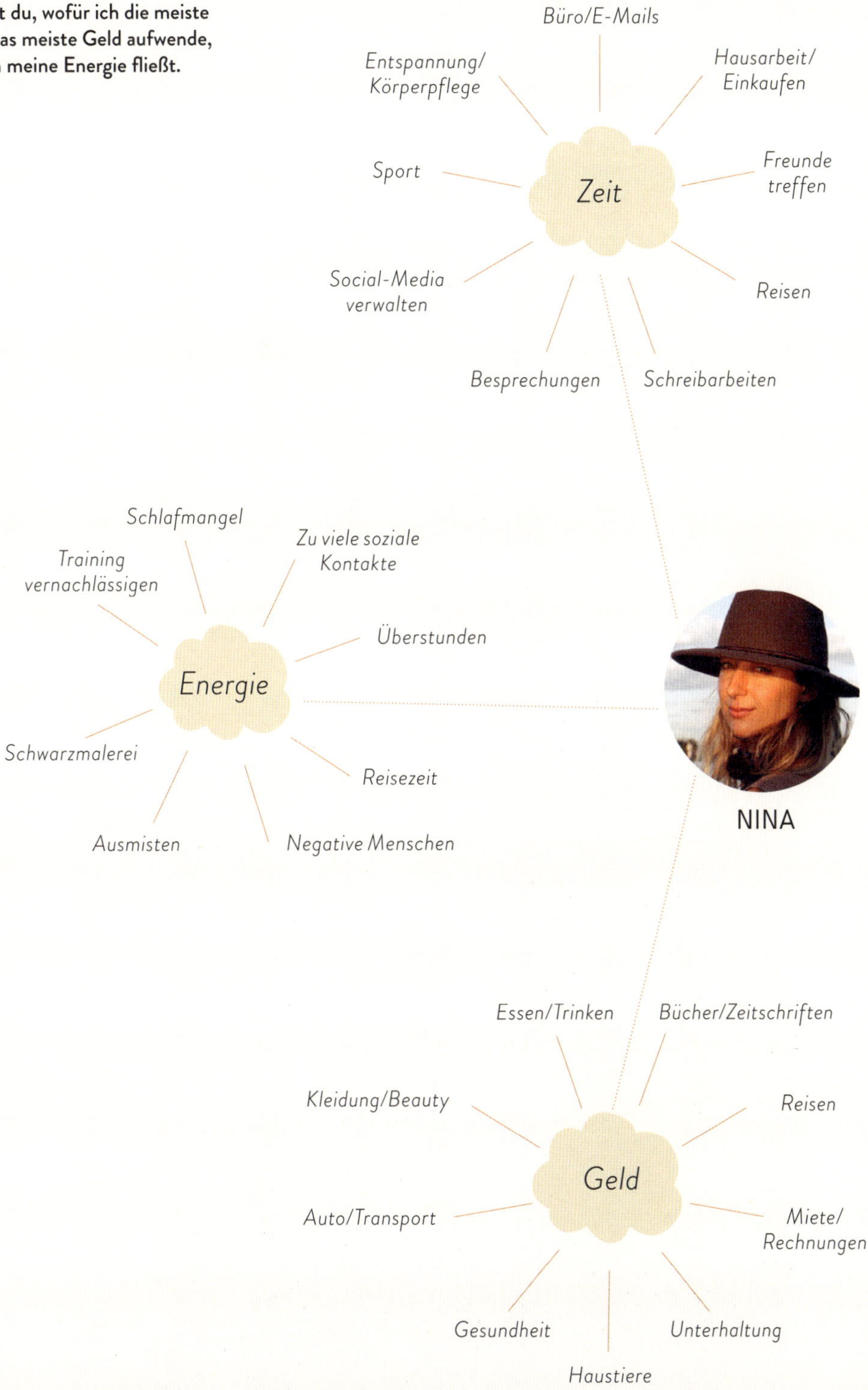

Büro/E-Mails

Entspannung/
Körperpflege

Hausarbeit/
Einkaufen

Sport

Freunde
treffen

Zeit

Social-Media
verwalten

Reisen

Besprechungen

Schreibarbeiten

Schlafmangel

Zu viele soziale
Kontakte

Training
vernachlässigen

Überstunden

Energie

Schwarzmalerei

Reisezeit

Ausmisten

Negative Menschen

NINA

Essen/Trinken

Bücher/Zeitschriften

Kleidung/Beauty

Reisen

Geld

Auto/Transport

Miete/
Rechnungen

Gesundheit

Unterhaltung

Haustiere

Pip Jamieson

Die Gründerin eines Kreativnetzwerks
über die Verknüpfung von Arbeit und Leben

„Mach deine Leidenschaft zum Beruf, und er wird sich nie wieder wie Arbeit anfühlen."

Die Entdeckung, wie sie Arbeit und Leben miteinander kombinieren konnte, war 2014 die Hauptantriebskraft hinter Pip Jamiesons Gründung des Kreativnetzwerks The Dots, manchmal auch als das LinkedIn der Kreativszene beschrieben. „Ich war auf der Suche nach einer Verschmelzung von Arbeit und Leben, die einen anderen Ansatz als die Work-Life-Balance verfolgt, denn Letztere impliziert, dass man seine Arbeit nicht mögen sollte und dass man nur arbeitet, um zu leben", sagt die in London lebende 40-jährige Kreative.

Die Suche nach der Lösung für ein Problem, das ihr als Marketing-leiterin bei MTV aufgefallen war, ist der zweite Grund, warum Pip ihre eigene Firma gründete. „Viele meiner Freunde arbeiteten als Selbstständige oder hatten neben der Arbeit viel zu tun und schätzten andere Werte als nur ihr Gehalt. Sie arbeiteten lieber mit netten Leuten, wollten das Leben genießen und verfolgten einen Sinn im Leben, doch es war nicht einfach für sie, Kooperationspartner zu finden", sagt sie.

2009 machte Pip sich daran, dieses Problem zu lösen, und gründete ihr Kreativ-Netzwerk-Unternehmen The Loop, das sie 2012 verließ, um kurz darauf The Dots zu gründen. „Mein Geschäftspartner und ich begannen nach der Arbeit in der Kneipe, die Idee zu überdenken, und als wir zu der Überzeugung gelang-ten, dass wir sie in die Tat umsetzen konnten, kündigten wir bei MTV und steckten unsere gesamten Er-sparnisse in die Plattform. Um ehr-lich zu sein, wir wussten nicht, was wir taten", lacht sie und fügt hinzu, dass sie neun Monate vor dem Start auf „das Prinzip von Versuch und Irrtum setzten, lange arbeiteten und von Thunfisch aus der Dose lebten".

„Ich habe viele Positionen bekleidet, seitdem ich The Dots gründete", erzählt Pip, die unter anderem als Strategin, Verhandlungsführerin, Vertrieblerin, Produktmanagerin, Verkäuferin und Finanzmanagerin tätig war. „Ich habe mir von Beginn an angewöhnt, etwa ein Buch pro Woche zu lesen, zu Themen, die ich nicht ganz verstand, und habe sie mir auf dem Weg zur Arbeit auf Audible angehört."

Die Leitung von The Dots hat es Pip ermöglicht, Arbeit und Leben zu verbinden. Sie spricht heute selbst auf Kreativ-Konferenzen, bei denen sie früher für Hunderte von Euros teilgenommen hat, wird von Galerien und zu Ausstellungen angefragt, von denen sie früher gerne eine Einladung bekommen hätte, und reist das ganze Jahr um die Welt, und das alles im Rahmen ihrer Arbeit.

Die Leitung eines Unternehmens mit 25 Mitarbeitern kann manch-mal ganz schön stressig sein. Da stürzt der ein oder andere Server ab, Investitionen erweisen sich als problematisch, schlechtes Personal wird eingestellt und vieles mehr. Doch Pip konzentriert sich darauf, dies als Gelegenheit zum Lernen zu betrachten und bleibt immer positiv. Sie ist überzeugt, dass „die Menschen, die um dich herum sind, dir persönlich und beruflich alles bedeuten", und so zieht sie die Menschen an, die dies genauso sehen.

Abgesehen von ihrer täglichen Meditation, ein wesentlicher Bestandteil für Pip, um die Ruhe zu bewahren, lebt sie auf einem Hausboot, und arbeitet dort auch häufiger. Das Boot kauften sie und ihr Mann 2014, eine, wie sie sagt, äußerst günstige Art, um in London zu leben. „Ich betrete das Boot und der Stress fällt von mir ab", sagt sie.

Pips Tipps:

- Lies das Buch *Ikigai*. Es beschäftigt sich mit der japanischen Idee, <u>die Sache zu finden, die du liebst</u>, <u>in der du gut bist</u>, <u>für die du bezahlt wirst</u> und <u>die die Welt braucht</u>.

- An Events teilzunehmen, ist eine wunderbare Art, sich inspirieren zu lassen und Beziehungen herzustellen. Bei The Dots gibt es jede Menge davon.

- <u>Bau dir einen Mentoren-Pool auf</u>, Experten zu bestimmten Themen, die du abdecken musst. So brauchst du dich nicht zu sehr auf eine Person zu verlassen.

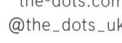

the-dots.com
@the_dots_uk

Nicole Leybourne

Die Strickerin über den
Nutzen des Internets

„Schau im Internet nach und du wirst sehen, wie du fast alles herstellen kannst.“

In zweieinhalb Jahren schaffte es die Neuseeländerin Nicole Leybourne, sich mit YouTube-Videos das Stricken beizubringen und dann über Net-a-porter 600 ihrer selbst gestrickten Mohair- und Wollpullover, die bis zu 585 Dollar (515 Euro) kosten, zu verkaufen.

„Ich habe mir alles selbst beigebracht. Ich habe weder Textildesign noch etwas Ähnliches studiert", sagt die 28-Jährige, die zwischen ihrer Heimatstadt Auckland in Neuseeland und Lima in Peru, wo ein Großteil ihrer Produktion angesiedelt ist, hin und her pendelt. „Auch heute noch lerne ich von YouTube, wenn mir beispielsweise ein anderer Stich oder eine Idee vorschwebt", sagt sie.

Nicole fühlte sich unzufrieden, als sie 2015 Naturheilkunde an der Universität studierte, und entschied, sich auf ihr Hobby, das Stricken, zu verlegen. Zuerst strickte sie für Freunde, richtete einen Instagram-Account ein und gestaltete eine Website. Sechs Monate später hatte sie mehr Aufträge, als sie bewältigen konnte. Sie hörte mit dem Studium auf und konzentrierte sich ganz auf das Stricken. Sie zog zurück zu ihren Eltern, um Geld zu sparen, und investierte ihre Ersparnisse in Strickerinnen vor Ort, die fortan für sie strickten – meist „Frauen mittleren Alters und ältere Frauen, die alle gern strickten". Als ihr Unternehmen immer weiter wuchs und sie mit der Nachfrage kaum Schritt halten konnte, entschied sich Nicole, die Produktion nach Peru zu verlagern, von wo sie ihr Garn bezog.

Nicole und ihr Partner, der für The Knitter arbeitet, haben inzwischen für drei Monate im Jahr eine Wohnung in Lima angemietet, um die Herstellung der Strickteile, die in peruanischen Haushalten handgefertigt werden, zu überwachen. „Wir lagern unsere Sachen ein, wenn wir nicht in einer Stadt leben, und schließen nur Kurzzeit-Mietverträge ab", sagt Nicole. „Das gibt uns die nötige Flexibilität. Es ist befreiend, sich nicht um einen großen Besitz kümmern zu müssen und

gehen zu können, wenn man einen Tapetenwechsel braucht."

Natürlich sei es nicht immer einfach gewesen, so Nicole. Es gab Zeiten, da sie sich nur von „Kartoffeln und Eiern ernährte", wenn sie von diesen nie enden wollenden To-do-Listen in ihrer Rolle als Chefin völlig erschlagen war. Zur Lernerfahrung gehörte es auch, Großaufträge, wie etwa von Net-a-porter, abzuwi-

ckeln. Aber, so sagt sie, es sei die Mühe wert. „Man verzichtet auf einiges – ich habe weder Haus noch Besitz oder sonstige Dinge, die man haben sollte – aber es fühlt sich großartig an, meinen peruanischen Strickerinnen Arbeit zu geben, damit sie ihre Familien ernähren können. Ich bin immer glücklich. Ich muss mich ständig selbst kneifen, dass ich Stricken zu meinem Beruf machen konnte."

Nicoles Tipps:

- Das Internet hilft dir, ein Unternehmen zu gründen. Du brauchst zu Beginn nicht viel Geld, sondern nur eine gute Idee.

- Fang einfach an und tu das, was du tun möchtest, denn eigentlich fühlt man sich nie bereit, den Schritt zu wagen.

- Wenn du einen Beruf hast, den du nicht liebst, dann mach nur eine halbe Stunde am Tag das, was dir besser gefällt, bis du bereit für den Absprung bist. Und spare so viel Geld wie möglich.

theknitter.co
@theknitter

Graeme Corbett

Der Florist über den Weg vom
Schein zum Sein

„Tu eine Zeit lang so als ob, wenn du dir unsicher bist – du weißt wahrscheinlich mehr, als du glaubst."

Wenn Kunden zu Graeme Corbett in sein Floristikstudio kommen und feststellen, dass es nicht mehr als eine Garage unter seinem Londoner Apartment ist, dann sind sie meist schockiert. „Auch wenn ich nie ein Geheimnis daraus mache, dass es nur mich gibt, denken die Leute oft, dass ich ein großes Geschäft habe", lacht der 35-Jährige.

Während seiner Zeit in der Fernsehindustrie, in der er zwölf Jahre als Casting-Chef für Shows wie *Big Brother* oder *The Voice* arbeitete, erkannte Graeme, wie wichtig es war, seine Träume zu verwirklichen. „Ich hörte mir an, wie Leute sangen. Egal, wie brillant oder schlecht sie waren, sie alle wussten, was sie wollten, und das wollten sie auf keinen Fall aufgeben.", erzählt er. „Ich saß da und dachte, he, das ist Spaß, aber ich habe nicht diese Leidenschaft wie sie."

Graeme begann, in seiner Freizeit über verschiedene Geschäftsideen nachzudenken. Er richtete einen Etsy-Shop ein, in dem er aufgearbeitete Trödelstücke verkaufte. Dann begann er mit der Herstellung von eingelegtem Gemüse, um schließlich seinen Fernsehjob zu kündigen und sich für einen zweiwöchigen Floristen-Lehrgang anzumelden. „Ich nahm den Kurs, der am billigsten war. Ich wollte die Grundlagen lernen und dann entscheiden, ob mir die Arbeit Spaß macht", sagt er.

Er liebte den Lehrgang und fand anschließend einen Praktikumsplatz bei einer Floristin, die er auf Instagram bewunderte. „Die traditionelle Floristenschule, bei der ich den Lehrgang belegt hatte, war entsetzt und meinte: ‚Die Frau ist keine echte Floristin. Sie tut nur so als ob.' Aber ich war der Überzeugung, dass es egal war, ob sie eine klassische Lehre abgeschlossen hatte. Ihre Arbeit war einfach großartig, und die Leute bezahlten sie dafür."

Während des Praktikums lernte er alles: Sträuße binden, Hochzeitsdekorationen entwerfen, Angebote schreiben und Preisstrukturen ermitteln. Anschließend eröffnete er seinen eigenen Blumenladen, Bloom + Burn, nutzte ein freies Schlafzimmer als Studio und gestaltete mit Wix seine eigene Website.

„Im ersten Jahr kaufte ich einmal in der Woche Blumen auf dem Markt, auch wenn ich keinen Auftrag hatte, nur um eine Beziehung zu den Händlern aufzubauen", erzählt Graeme. „Ich ging nach Hause und spielte mit den Blumenarrangements. Dann stellte ich meine Kreationen auf Instagram. Ich gab vor, ein echter Profi zu sein, um Leute auf meine Arbeit aufmerksam zu machen und meine Kunst zu verbessern."

Es funktionierte. Da er im ersten Jahr jeden Auftrag annahm, baute Graeme sich einen Kundenstamm auf, und im zweiten Jahr übernahm er die Blumendekoration für 50 Hochzeiten. „Ich verdiente im ersten Jahr bei den meisten Aufträgen nicht besonders viel, aber jeder Auftrag war willkommen, denn so konnte ich üben und meinen eigenen Stil entwickeln", so Graeme.

Graeme hat sich inzwischen einen Namen gemacht und kann mehr für seine Arbeit verlangen und weniger Aufträge annehmen. „Da siehst du dir Shows an wie *The Apprentice*, die dir vermitteln: ‚Wenn du nicht 24 Stunden am Tag arbeitest, wirst du nie Erfolg haben.' Aber ich will überhaupt kein millionenschweres Unternehmen aufbauen", sagt er. „Mein Ziel ist es, genug Geld zu verdienen, um gut zu leben. Ich habe eine tolle Arbeit und die macht mir viel Spaß."

Graemes Tipps:

- Wenn du anfängst, musst du vielleicht <u>Arbeit annehmen, die nicht so gut bezahlt ist</u>, aber du kannst aus der <u>Erfahrung</u> lernen. Je besser du wirst, desto mehr Geld kannst du verlangen.

- <u>Überlege gut, wie du deinen Raum effektiv nutzen kannst</u>, statt teure Schaufensterfronten, Werkstätten oder Büros zu bezahlen.

- <u>Probiere die Dinge aus, von denen du geträumt hast</u>, denn manchmal brauchst du einige Anläufe, bis du das Richtige für dich gefunden hast.

bloomandburnflowers.com
@bloomandburn

Sei dein eigener Mentor

In unserer vom Internet getriebenen Welt sind teure Abschlüsse oder Diplome inzwischen nicht mehr unbedingt notwendig, um es in deinem Metier zum Meister zu bringen. Wenn du diese vier Schritte befolgst, kannst du dir fast alles beibringen, was du wissen musst.

1

„STUDIENPLATZ"

Damit ist ein Platz gemeint, der nur fürs Lernen bestimmt ist. Ein kleiner Schreibtisch in der Ecke deines Schlafzimmers, eine nicht genutzte Garage – einfach ein Platz, an dem du dich nur aufs Lernen konzentrieren kannst.

2

ZIELE

Notiere zunächst deine Ziele – „Florist werden" zum Beispiel. Schreibe darunter alle Hauptpunkte, die du brauchst, um das Ziel zu erreichen: die Grundlagen der Floristik, Zeitmanagement, Auftragsbearbeitung, Marketing etc. Lege dann eine bestimmte Zeit pro Tag fest (je nachdem wie viel du schaffen kannst, auch wenn es nur eine halbe Stunde ist), in der du diese Dinge erledigst.

3

RECHERCHE

Immer, wenn du dich an deinen „Studienplatz" setzt, recherchiere einen Punkt auf deiner Liste. Gib beispielsweise „Grundlagen der Floristik" bei Google ein – je nachdem, mit welchem Thema du dich beschäftigst. Du kannst sicher sein, jede Menge Bücher, Artikel, YouTube-Tutorials, Audiobooks und Podcasts zu finden, aber auch Online-Kurse bei CreativeLive oder Udemy. Schreib dabei Fragen auf und beantworte auch diese.

4

FEEDBACK

Ob nun Tutor, Trainer oder Mentor – irgendwann musst du Hilfe von jemandem in Anspruch nehmen, der weiß, worum es geht, und der dafür sorgt, dass du dein Ziel nicht aus den Augen verlierst. Frag lieber verschiedene Leute zu verschiedenen Themen und lade nicht alles bei nur einer Person ab. Das bringt am meisten.

Cyrielle Rigot und Julien Tang
Die marokkanischen Riad-Besitzer über das Bestreben, sich selbst treu zu bleiben

„Kopiere niemanden; die Leute spüren, wenn du nicht ehrlich bist."

Wir alle haben schon einmal davon geträumt, alles hinter uns zu lassen und irgendwo an einem exotischen Ort ein Haus zu renovieren. Doch es ist etwas anderes, Mut und Visionen zu haben und sie tatsächlich umzusetzen. Die zwei, die sich getraut haben, sind die Pariser Cyreille und Julien, die beide mehr als zehn Jahre lang in der Modeindustrie gearbeitet haben – Cyrielle war Fotografin und Julian Art-Director –, bevor es sie nach Marokko zog.

Nach regelmäßigen Reisen nach Marrakesch – einer Stadt, die sie seit 2010 bereisen und die sie wegen ihrer Energie und Lebendigkeit lieben, kam 2016 für das Paar der Wendepunkt. „Wir flogen zurück in das graue und regnerische Paris, als wir uns entschlossen, uns in Marrakesch niederzulassen und dort ein Unternehmen zu gründen. Innerhalb eines Monats kehrten wir nach Marokko zurück und suchten nach einer Immobilie", sagt Julien.

Nach monatelanger Suche fand das Paar versteckt in einer ruhigen Gasse in der chaotischen Medina das Riad Jardin Secret. Mit ihren Ersparnissen kauften sie das Haus und bauten es zu einer Pension und Künstlerresidenz um. Es sollte, so entschieden sie, sowohl als florierendes Geschäft als auch als Ort dienen, der ihre Leidenschaften nährte. So beschäftigt sich Cyrielle mit analoger Fotografie und Blumendekorationen und Julien mit Illustrationen und seinem Motorrad. Es war ein enormes Wagnis und bis kurz vor ihrer Abreise hielten sie es vor ihren Familien und Freunden geheim. „Wir wussten, dass sie versuchen würden, uns die Idee auszureden, und genau so war es", sagt Julien. „Sie meinten, dass wir unsere Arbeit, unser Netzwerk und unsere Kunden verlieren würden."

Cyrielle und Julien konnten alle besorgten Stimmen zum Schweigen bringen, aber dann sollte die wirkliche Arbeit erst anfangen. In den folgenden acht Monaten renovierten sie unermüdlich das Haus mit sechs Zimmern und verwandelten es in ihr ganz eigenes Bohème-Refugium. Sie arbeiteten sieben Tage in der Woche, um die richtigen Arbeiter und Mitarbeiter zu finden und anzuleiten. Sie suchten Einrichtung und Pflanzen aus, richteten eine Website ein,

fotografierten das Riad, und vieles mehr.

Ihr Engagement machte sich bezahlt. Riad Jardin Secret entwickelte sich rasch zu einem angesagten Hideaway und einer beliebten Künstlerresidenz und zog Gäste aus der ganzen Welt an, die bereit waren, 260 Euro für eine Nacht zu bezahlen. In den ersten drei Jahren lebte das Ehepaar mit im Haus, doch irgendwann zogen sie mit ihrem inzwischen zweijährigen Sohn hinaus aufs Land.

Cyrielle und Julien arbeiten noch immer gern sieben Tage in der Woche, um sicherzustellen, dass das Team des Riad Jardin Secret

sein Bestes gibt, das Hotel weiterhin Stammgäste anzieht und gut ausgelastet ist. Und laut Julien erreichten sie genau das, indem sie ihrer Vision treu bleiben. „Wir kümmern uns noch immer um jedes kleine Detail, von der Website und Instagram-Seite bis zur Inneneinrichtung und der Beantwortung von Gäste-Mails. Dieses Hotel spiegelt unsere Persönlichkeit wider. Und die Leute mögen diese Art der Wahrhaftigkeit", sagt er.

Neben dem Einkommen aus dem Riad betreibt das Ehepaar seit Mitte 2016 sehr erfolgreich ihr Inneneinrichtungsstudio Rigotang. Hier richten sie im Auftrag von Kunden marokkanische Immobilien ein.

Cyrielles und Juliens Tipps:

- <u>Sei authentisch und bleib du selbst</u>. Die Leute spüren es, wenn du es nicht bist.

- <u>Besuche Museen und triff dich mit anderen Kreativen</u> – beides sind wunderbare Quellen der Inspiration.

- <u>Teste regelmäßig die Grenzen deiner Komfortzone aus</u>. So erkennst du, <u>zu was du alles fähig bist</u>.

riadjardinsecret.com
rigotang.com
@riadjardinsecret

Asteria Malinzi

Die Kunstfotografin über den
Umgang mit dem Scheitern

„Lass dich von einem ‚Nein' nicht stoppen. Du wirst aus einem Grund zurückgewiesen – hör zu und lerne daraus."

Zurückweisung und Scheitern spielen in jeder künstlerischen Karriere eine wesentliche Rolle. Das ist es, was die 29-jährige Tansanierin Asteria Malinzi, deren Fotografien heute international verkauft werden und die die Künstlerresidenz Kigamboni (ARK) in Tansania leitet, schon früh lernte. „Als ich heranwuchs, war Nein das Lieblingswort meines Vaters", erzählt sie. „Er lehrte mich, dass es in Ordnung war, ein Nein zu hören, und dass man es immer wieder versuchen muss."

Asteria entdeckte ihre Leidenschaft für die Filmfotografie, als sie Business-Management und Marketing an der Universität in England studierte. „Ich begann, mir mit einer gebrauchten Kamera und mithilfe von YouTube, Blogs und gebrauchten Büchern alles selbst beizubringen. Ich ging in Fotoläden und fragte Leute, wie sie ihre Arbeiten umsetzten", sagt sie. In der Zwischenzeit übte sie mit einem Stativ in ihrem Studentenzimmer Selbstporträts aufzunehmen.

Nach ihrem Abschluss meldete sich Asteria für einen zweijährigen Kurs an der Fotografenschule in Kapstadt an. „Ich lernte all die Dinge, die man braucht, um seine Arbeiten zu verkaufen, einschließlich dem Webhosting, der Vorstellung bei Galerien und Käufern, dem Schreiben von Förderanträgen, Marketing, Preisgestaltung und vieles mehr", sagt sie.

Asteria begann buchstäblich, Praktika hinterherzujagen. Als die Besitzerin der renommierten Galerie Erdmann Contemporary an ihrer Schule einen Vortrag hielt, lief Asteria ihr bis zum Aufzug hinterher, um sie davon zu überzeugen, dass sie ihre Hilfe brauchte. Die Frau gab Asteria nicht nur einen Praktikumsplatz und wurde zu ihrer Mentorin, sie stellte Asterias Arbeiten auch in ihrer Galerie aus.

Als ein Aufenthalt in einer Künstlerresidenz in Brasilien, den Asteria angenommen hatte, im letzten Moment abgesagt wurde, nutzte sie ihre Enttäuschung zur Einrichtung einer Residenz in Tansania. Ohne die nötigen finanziellen Mittel nahm sie Kontakt zu Leuten auf, die sie während ihrer Arbeit in einer kenianischen Galerie kennengelernt hatte und die ins Gastgewerbe einsteigen wollten. Sie überzeugte sie, dass sie Asteria für die Führung einer Künstlerresidenz auf ihrem 130 Hektar großen Küstenanwesen anstellen sollten. „Die Idee war aus recht egoistischen Motiven geboren", gibt sie zu. „Ich war wegen der brasilianischen Residenz verbittert und dachte: Wenn sie es mir nicht ermöglichen, dann muss ich es mir selbst ermöglichen."

Der Bau der Residenz erforderte von Asteria ganz neue Fertigkeiten, von der Zusammenarbeit mit Bauunternehmen und Inneneinrichtern bis zur Materialbeschaffung und Budgetplanung. Aber ihre harte Arbeit machte sich bezahlt. Sie lebt heute kostenlos in einem atemberaubenden Haus am Meer und hat die Zeit und den Raum, die sie braucht, um weiter kreativ zu sein, während sie gleichzeitig ein Gehalt bekommt und andere Künstler in der Gegend ermutigt, es ihr gleichzutun.

Inzwischen hat sie einen Manager eingeschaltet, um sicherzustellen, dass sich ihre Werke weiterhin verkaufen. „Es ist unbezahlbar, jemanden zu haben, der alles daransetzt, meine Arbeiten zu verkaufen, während ich arbeite; der mich zwingt, weiterhin kreativ zu sein, und dem gegenüber ich Rechenschaft ablegen muss", sagt sie.

Asterias Tipps:

- **Lerne, ein Nein zu akzeptieren.** Denk daran, <u>dass Türen sich schließen, damit sich andere öffnen.</u>

- **Stell einen Manager ein.** Alle Kreativen brauchen jemanden, dem gegenüber sie Rechenschaft ablegen müssen.

- Mach möglichst viele <u>Praktika,</u> um <u>deine Kontakte und deine Fähigkeiten zu erweitern.</u>

asteriamalinzi.com
@justcallmesimba

Take my Soul, 2015

Rhiannon Griego

Die Weberin über das Experimentieren

„*Experimentiere auf alle möglichen Arten – wir alle sind kreativ.*"

Experimentieren ist der Schlüssel zur Freisetzung von Kreativität, sagt die Weberin Rhiannon Griego. Und sie sollte es wissen. Denn um dorthin zu gelangen, wo sie heute ist – das Weben von Kleidung und Kunstobjekten und die Schmuckherstellung unter ihrem Label Rhiannon Griego (vormals Ghost Dancer) in ihrem Zuhause in den Bergen Kaliforniens –, musste sie ihren eigenen Weg voller Experimente gehen.

Da sie sich während ihres Innen-architekturstudiums am College ein wenig verloren vorkam, brach Rhiannon zu einer Reise durch die USA auf und versuchte sich unterwegs an der Schmuckherstellung. Als sie einen Mentor traf, der sie ermutig-te, „den letzten Schritt zu gehen, um Schmuckdesignerin zu werden", begann sie mit dem Schmuck ihren Lebensunterhalt zu bestreiten und verkaufte ihre Arbeiten auf Etsy, Künstlermärkten und Messen.

Nach fünf Jahren als Schmuckde-signerin kam die 37-Jährige an ihre Grenze. „Ich versuchte mich erneut an verschiedenen kreativen Rich-tungen, und innerhalb einer Woche fand ich einen Weblehrer, meldete mich für einen Kurs an, und es war um mich geschehen", erzählt sie. „Meine Empfehlung an alle, die die Grundlagen lernen wollen, ist, sich gleich von Fachleuten ausbilden zu lassen."

Sie wusste bereits, wie sie ihren Schmuck über das Internet ver-kaufen musste, und hatte sich ein Interessentenkreis über Oline-Netzwerke, Instagram und regionale Shows aufgebaut – und genauso ging Rhiannon auch bei ihrer Webe-rei vor. Da sie Modelle von Hand fertigt, suchte sie sich teure Läden heraus, in denen sie ihre hochprei-sigen, bis zu 6.000 Dollar (5.280 Euro) teuren Webarbeiten anbieten konnte, und verkaufte auch über den Großhandel an Marken wie Free People. „Gerade durch den Großhandel konnte ich einen star-ken Kundenstamm aufbauen", sagt sie. „Ich habe mir immer nur Läden im passenden Preissegment her-ausgesucht. Das ist ganz wichtig, wenn es um kreative Geschäftsbe-ziehungen geht".

Rhiannon arbeitet oft bis zu 14 Stunden am Tag und webt ihre

komplexen Muster mit der Hand. Daneben organisiert sie regelmäßig Workshops, um angehende Weber zu unterrichten und ihr Einkom-men aufzubessern. Aber da sie ihre eigene Chefin ist und sich ihre Tage einteilen kann, findet sie noch Zeit für ihren Sport und Treffen mit Freunden und Familie.

Ein Schlüssel zu Rhiannons Erfolg war ihr „Flow" bei der Arbeit, den sie als Meditationsbewegung defi-

niert. „Weben ist sehr methodisch, und wenn du dich ganz in den Schaffensprozess vertiefst, dann er-reichst du einen Zen-Status." Durch das Weben kommen ihre Gedanken zur Ruhe, und sie schafft sich so „ein Gefühl der Ruhe, wenn mein Kopf sich wegen des nicht ganz so konventionellen Lebens, das ich führe, Sorgen macht", sagt sie.

Rhiannons Tipps:

- <u>Suche dir Firmen und Kunst-klassen vor Ort</u>, und <u>experi-mentiere mit kreativen Dingen</u>, bis du überzeugt bist, dass du das Richtige gefunden hast.

- <u>Folge Marken</u>, die mit deinem Stil im Einklang sind, und <u>no-tiere, was dir an ihnen gefällt</u>.

- Wenn du Marken und Künstler gefunden hast, die du magst, schreib ihnen und <u>frage sie, ob sie dir ein Praktikum anbie-ten können</u>, oder lade sie zum Kaffee ein und löchere sie mit Fragen.

rhiannongriego.com
@rhiannonmgriego

Vom Imitator zum Meister

Wie sagte schon Picasso: „Gute Künstler kopieren, große Künstler stehlen", und es stimmt, dass kreative Arbeit auf dem basiert, was vor ihr war. Wenn es dir schwerfällt, in den kreativen Prozess einzusteigen, dann analysiere zunächst die Arbeit von Künstlern, die du bewunderst, und versuche dann, sie nachzuahmen.

Angenommen, du möchtest Schriftsteller/in werden. Dann folge diesen Schritten, um dein eigenes Werk zu schreiben.

ANALYSIEREN

Stell eine Liste mit Schriftstellern zusammen, die du bewunderst, und kaufe oder leihe dir ihre besten Bücher.

EIGENES SCHAFFEN

Als Nächstes imitierst du deine Lieblingswerke, du ahmst ihren Stil nach, aber integrierst deine Ideen in die Arbeit und schaffst so etwas Eigenes.

NACHAHMEN

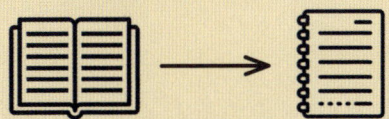

Kopiere Abschnitte aus den Büchern, um zu untersuchen, wie die Schriftsteller schreiben – Tempo, Sprache, Wortwahl etc. Fasse zusammen, was du gelernt hast, notiere deine Anmerkungen in einem Heft, sodass du sie später immer wieder nachschlagen kannst.

Diese Methode funktioniert auch bei Produkten. Angenommen, du möchtest deine eigenen Kräutertees herausbringen: Sammle deine Lieblingsverpackungen, betrachte die Zutaten, versuch sie selbst zusammenzumischen, bis du weißt, wie es geht; dann kannst du mit eigenen Mischungen experimentieren und Geschmack und Stil festlegen. Stell dir einfach vor, du würdest ein neues Musikinstrument erlernen – zuerst spielst du die Lieder von anderen, während du die Technik lernst, okay?

Egal, welchen kreativen Weg du einschlägst, ob Töpfern, Floristik, Holzbearbeitung, Malen oder Musik, der Prozess ist immer der gleiche: analysieren, nachahmen und etwas Eigenes schaffen.

Julia Khan Anselmo

Die Dinner-Party-Gastgeberin über die Begegnung mit dem Unbekannten

„Komm aus deiner Komfortzone heraus und schaue, wie du dich fühlst und wie du reagierst.“

Der erste Schritt vom konventionellen Weg hin zum idealen Lebensstil ist manchmal nicht ein Schritt, sondern ein Stoß. Als Julia Khan Anselmo vor sieben Jahren in ihrem Heimatland Kanada ihre Stelle als Kunstberaterin verlor, war sie gezwungen, tief in sich zu gehen, um zu entdecken, was sie wirklich mit ihrem Leben anfangen wollte.

„Ich schaute, was mir in der freien Zeit wirklich Spaß machte, statt mich darauf zu konzentrieren, welchen Job ich mir aufgrund meines Abschlusses in Kunstgeschichte, der Erwartungen meiner Eltern, der Notwendigkeit Geld zu verdienen oder des sozialen Drucks suchen sollte", so die 35-Jährige.

Sie erkannte, dass sie in ihrer Freizeit vor allem gern kochte, Menschen einlud und interessante Frauen zusammenbrachte, und so veranstaltete Julia einen Monat später ihr erstes Feisty Feast – ein Fünf-Gänge-Dinner für zwölf Frauen – in ihrer Wohnung in Vancouver. „Ich war ganz in meinem Element, und die Zeit verging an diesem Abend im Fluge. Nachher fühlte ich mich völlig beschwingt

und aufgekratzt. Dieses Gefühl hatte ich noch nie in einem meiner bisherigen Jobs verspürt", sagt sie. „Da wusste ich, dass ich etwas Besonderes gefunden hatte, das ich weiterverfolgen musste."

Julia veranstaltet inzwischen Feisty Feasts für bis zu 120 Frauen an einzigartigen Orten auf der ganzen Welt – vom marokkanischen Möbelladen in San Francisco, einer Keramikwerkstatt in Vancouver bis zu einer alten Molkerei in London – dazu lädt sie Gastredner ein, darunter Filmemacher, Designer und Schriftsteller. Nachdem sie alle Ausgaben für diese Events zusammengerechnet hatte, stellte Julia fest, dass Feisty Feast nicht genug abwarf, um davon leben zu können. Deshalb brachte sie

2017 eine zweite Marke heraus, das Label Laasso mit Pferdehaar-Accessoires, und begann zudem als Stylistin zu arbeiten, um zusätzliches Einkommen zu generieren.

Geduld und eine positive Einstellung, so Julia, hätten sie dorthin gebracht, wo sie heute stehe. „Es gibt immer Zeiten, da muss ich gegen negative Selbstgespräche ankämpfen, und mir vor Augen führen, dass manche Dinge eben Zeit kosten", sagt sie. „Ich habe mit anderen Kreativen gesprochen, die mir berichteten, dass sie zehn Jahre brauchten, bis sie mit dem, was sie gern taten, endlich Geld verdienten. Also muss man einfach weitermachen."

Da sie ihre eigene Chefin war, konnte Julia vor drei Jahren mit ihrem Verlobten nach Amsterdam ziehen, eine Stadt, die sie wegen ihrer dörflichen Atmosphäre und der quirligen Künstler- und Musiker-Szene liebt. „Ich habe mir vorher nicht allzu viele Gedanken über den Umzug gemacht", erklärt Julia. „Aber ich glaube, ein kreatives Leben macht es erforderlich, sich auch auf das Unbekannte einzulassen, Risiken einzugehen und mit unbequemen Gedanken umzugehen."

Julias Tipps:

- Beobachte, <u>was dich in diesen „Flow" versetzt</u>, wenn du die Zeit vergisst und nicht über andere Dinge nachdenkst.

- Wenn du dir <u>über deine Träume und Ziele im Klaren bist</u>, erreichst du sie auch. <u>Sei also vorsichtig, auf was du dich konzentrierst</u>.

- Es dauert Zeit, bis du mit dem, was du liebst, auch Geld verdienen kannst. Schäm dich nicht, wenn du einen langweiligen Nebenjob annehmen musst, um etwas dazuzuverdienen.

feistyfeast.ca
laasso.ca
@feisty_feast

Aleph Geddis

Der Holzschnitzer über
das Leben als kreativer Akt

„*Bewahre dir einen wachen Blick und beschäftige dein Gehirn, indem du an mehreren Orten kreativ bist.*"

Für den Holzschnitzer Aleph Geddis bedeutet ein kreatives Leben nicht nur Kunst zu schaffen, sondern jeden Moment des Tages kreativ zu gestalten. Der 46-Jährige verbringt das Jahr abwechselnd auf Orcas Island in Washington State, auf Bali in Indonesien, im Rhodopen-Gebirge in Bulgarien und Hokkaido in Nordjapan. Dort umgibt er sich mit interessanten kreativen Menschen und fertigt überall seine Schnitzarbeiten.

Geboren und aufgewachsen auf Orcas Island, begann Aleph mit 20 ein Praktikum als Holzschnitzer bei seinem Stiefvater, ebenfalls ein Holzschnitzer. „Die eine Hälfte des Jahres machte ich dieses Praktikum, die andere Hälfte reiste ich sehr kostengünstig. Das Reisen wurde Teil meines kreativen Schaffensprozesses, es gab mir Inspiration und meiner Arbeit die nötige Frische", sagt er.

Mit 30 eröffnete Aleph äußerst erfolgreich einen Vintage-Store, in dem er Waren verkaufte, die er von seinen Reisen mitgebracht hatte, aber er merkte schnell, dass ihm der Laden immer weniger Zeit für die Holzschnitzerei ließ. „Schließlich entschied ich mich, das Geschäft zu schließen, große finanzielle Einbußen in Kauf zu nehmen, zum einfachen Leben zurückzukehren und mich ganz auf meine Kunst zu konzentrieren", so Aleph.

Der Beginn war schwer, vor allem finanziell gesehen. Aber mit der Zeit und mit Hilfe von Online-Plattformen wie Instagram wuchs das Interesse an seinen Schnitzarbeiten. Heute stellt Aleph seine Arbeiten aus und verkauft sie international, auch an Kunden wie Facebook und die amerikanische Outdoor-Marke Filson. Er lehrt Holzschnitzerei und mag es vor allem, seine eigenen Werke zu erschaffen. „Heutzutage verbringt man so viel Zeit vor dem Computer und mit abstrakten Dingen, deshalb beschäftige dich mit etwas sehr Konkretem, nimm ein raues Stück Holz und verwandle es durch deinen Blickwinkel und deine Präsenz in ein Kunstwerk, das ist wirklich wichtig."

Ständig wechselnde Umgebungen während des Jahres gehören zu Alephs kreativem Prozess dazu. Er baute sich ein kleines Atelier und

einen Wohnraum auf dem Grundstück eines Freundes auf Bali, kaufte sich für günstige 30.000 Euro ein bulgarisches Bauernhaus, das er mit Hilfe von Freunden renovierte, und lebt auf dem Anwesen seiner Familie auf Orcas Island, wenn er zu Hause ist. „Es gibt viele bezahlbare Orte außerhalb der großen Städte, in die man ziehen kann. Es ist viel einfacher ein Nomadenleben zu führen, als viele Leute denken", erklärt er.

Es ist für ein sinnerfülltes Leben wesentlich, so Aleph, dass man jede Stunde des Tages genießt, und nicht

nur kurze Momente. „Ich glaube, es ist wichtig, auf die Erfahrung zu vertrauen und darauf, wie man sein Leben lebt, und nicht allein auf die Kunst. Darum wechsle ich auch so gern meine Umgebung", sagt er. „Sonst wird das Schaffen von Kunst nur zu einem Geschäft. Natürlich müssen wir alle Geld verdienen, aber sonst endest du mit einem Nine-to-Five-Job, obwohl du eigentlich etwas Kreatives machst."

Alephs Tipps:

- Reise. Reisen ist wichtig, um einen <u>frischen Blick auf die Welt zu behalten</u>.

- <u>Mach ein Praktikum</u> bei jemandem, der das macht, was du tun möchtest.

- Du kannst dir deinen Arbeitsplatz und dein Zuhause ohne viel Geld ansprechend gestalten. Überlege, wie du auf <u>kreative Weise den Raum verschönern kannst</u>, etwa durch Vintage-Möbel oder Pflanzen.

alephgeddis.com
@alephgeddis

Mattia Passarini

Der Fotograf indigener Völker über die Balance
zwischen Leidenschaft und Gewissenhaftigkeit

„Wenn du eine Leidenschaft besitzt und diszipliniert genug bist, um jeden Tag daran zu arbeiten, dann ist nichts unmöglich."

Beim Blick auf Mattia Passarinis Instagram-Konto mit bewegenden Fotos abgeschieden lebender Volksstämme fällt einem zuerst die Frage ein, woher der 37-jährige Italiener Zeit und Geld nimmt, um ständig zu diesen abgelegenen Ecken der Welt zu reisen.

Mattia begann seine fotografische Ausbildung während eines Vertriebsjobs in Beijing, wo er seit 2006 arbeitete. Als Steve McCurrys symbolträchtige Fotografien über indigene Völker an der Wand seiner Stammkneipe seine Aufmerksamkeit erregten, verliebte er sich in den Stil und entschied, etwas Ähnliches zu schaffen. Er tat sich mit einer Gruppe örtlicher Amateurfotografen zusammen und fotografierte am Wochenende gemeinsam mit ihnen. So lernte er die Grundlagen und experimentierte mit dem Stil. Erst als er nach Südchina reiste und eine Frau traf, die noch die alte Tradition des Füßebindens praktizierte, faszinierte es ihn, untergehende Kulturen im Bild festzuhalten.

„In zehn Jahren werden wir diese Menschen wahrscheinlich nicht mehr sehen", sagt Mattia über die Dutzenden von Stämmen, die er seitdem unter anderem im Süd-Sudan, in West-Papua und in Namibia besucht hat. „Es ist mir ein Anliegen, diese Volksstämme dokumentarisch festzuhalten, um sie auf diese Art unsterblich zu machen, und auch, weil sie uns meist wichtige Lektionen lehren. Sie führen uns vor Augen, wie privilegiert unser Leben in der modernen Welt doch ist."

Als Mattia Mitte 2014 seinen Instagram-Account einrichtete, wurde er von abenteuerlustigen Reisenden kontaktiert, die an seinen Reisen in abgelegene Teile von China, Indien, Myanmar und anderswo interessiert waren. „Die Leute wollten mich auf meinen Reisen begleiten, sie waren neugierig auf die fernen Orte, die ich bereiste", sagt Mattia. „Ich überlegte mir, dass ich dies zu einem Beruf machen könnte: Ich konnte sie auf meine Reisen mitnehmen und damit Geld verdienen, während ich noch immer fotografieren konnte.

Und genau das tat er. Zuerst organisierte Mattia während seines Urlaubs kleine Gruppentouren. Als das Interesse wuchs, kündigte er seine Stelle, gründete das Reiseunternehmen RemoteExpeditions und gestaltete mit Hilfe der Freelancer-Website Fiverr für weniger als 2.000 Dollar (1.760 Euro) eine eigene Website. Er nutze auch seine Instagram-Präsenz, um Kunden anzusprechen. „Ich hatte zwar keinen Abschluss in Reisemanagement oder Ähnlichem, aber es war kein verrückter Schritt", sagt Mattia. „Ich sah mir die Zahlen an und war mir meiner Sache vollkommen sicher, als ich RemoteExpeditions gründete. Ich glaube, das ist sehr wichtig."

Mit Reiserouten, die von Mattia und Reiseführern vor Ort sorgfältig ausgearbeitet sind, bietet Remote-Expeditions heute 20 Touren im Jahr an, sorgt damit für Mattias Haupteinkommen und unterstützt weiterhin seine Wanderlust. Außerdem verdient er an den Fotodrucken, für die er unter anderem von National Geographic ausgezeichnet wurde, und die er auch im Hauptsitz der UNESCO ausgestellt hat. Er verdient zudem am Verkauf der Solarpop, einer mit Solarlicht betriebenen Laterne, die er Mitte 2019 entwarf und auf den Markt brachte.

Mattias Tipps:

- <u>Setz dir pro Jahr zwei bis drei Ziele</u>, damit du weißt, auf was du hinarbeitest.

- Instagram ist wichtig. <u>Poste jeden Tag etwas</u>, hab Geduld, während dein Publikum wächst, und schreibe fesselnde Bildunterschriften.

- <u>Nutze Freelance-Seiten wie Fiverr</u>, um günstig Logos und Websites zu gestalten, und Förder-Websiten wie <u>Kickstarter und Indigo</u> zur Finanzierung kreativer Projekte.

mattiapassarini.com
remotexpeditions.com
@mattia_passarini

Oben: *Lächelnder Mönch*, Tibet 2106
Links: *Yalimo*, West-Papua, 2015

Schreibe deine Kurzpräsentation

Um deine Arbeit zu verkaufen, musst du deine Arbeit kennen. Das hört sich einfach an, aber es ist keine leichte Aufgabe zusammenzufassen, was deine Arbeit so einzigartig macht und warum jemand dich aktiv und finanziell unterstützen sollte.

Da kann es helfen, eine Kurzpräsentation zu verfassen, eine 30 Sekunden lange Rede, um dich und deine Arbeit zu verkaufen. In 100 oder weniger Wörtern beantwortest du die Fragen auf der gegenüberliegenden Stoppuhr so kurz und knapp wie möglich:

Konzentriere dich auf das „Warum" bei deiner Arbeit, um deine Antworten möglich persönlich zu halten. Hast du als Kind Stunden im Kunstraum verbracht, hast du andere Unterrichtsstunden verpasst und die Welt vergessen, um dich dann zu entscheiden Maler zu werden? Solche persönlichen Geschichten interessieren die Leute und führen dich zum Kern deines Warums.

Perfektioniere deine Kurzpräsentation, bevor du dich den anderen wichtigen Punkten zuwendest – wie etwa der Gestaltung einer Website oder eines Instragam-Accounts – denn du kannst sie erst dann richtig gut machen, wenn du weißt, wer du bist und was dich antreibt.

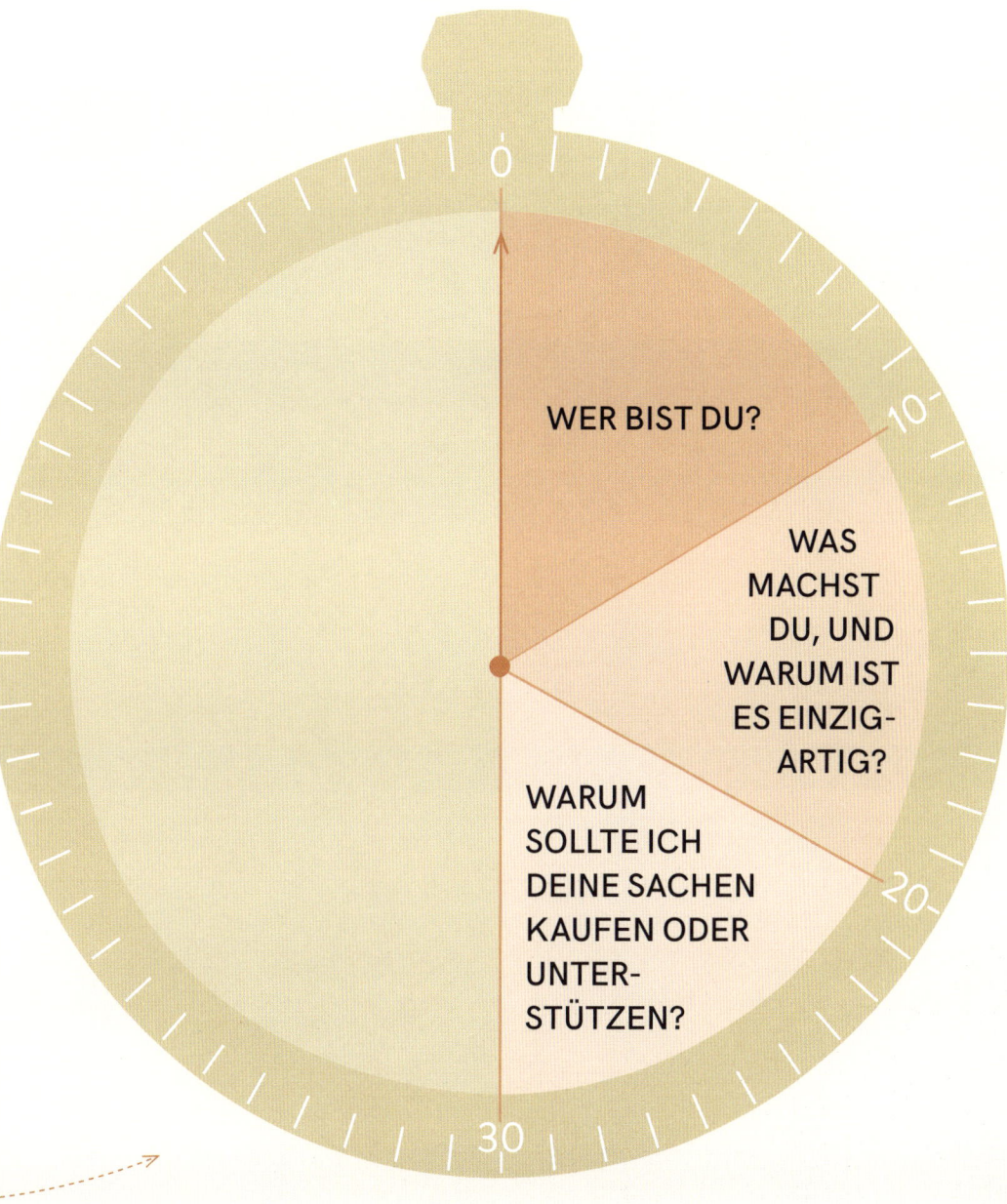

Yenifer Canelón

Die Surf-Resort-Gründerin
über das Vertrauen in eigene Instinkte

„*Der Glaube an dich selbst hilft dir, wahrgenommene Hürden zu überwinden, einschließlich Entfernungen und Finanzen.*"

Schon beim ersten Treffen mit Yenifer Canelón wird überdeutlich, dass die klein-
gewachsene Venezolanerin eine unbändige Lebensfreude besitzt. Das ist keine
Überraschung, denn ihr Surf- und Yoga-Retreat Salti Hearts möchte Frauen
helfen, dieses Funkeln auch in ihrem Leben zu verspüren.

Aufgewachsen im venezolanischen Archipel Los Roques, surfte Yenifer schon mit sechs Jahren auf ihrer ersten Welle. „Als ich das gemacht hatte, stieg ich aus dem Wasser und sagte zu meiner Mutter: ‚Das, und nichts anderes, möchte ich mein Leben lang tun'", erzählt sie.

Und genau das hat sie auch getan. Yenifer studierte Ozeanographie auf Venezuelas Isla Margarita und gründete während dieser Zeit die gemeinnützige Organisation Econatura 7. Später arbeitete sie acht Jahre lang in der Karibik und in Zentralamerika, meist im Bereich Meeresschutz. Mit 27 war Yenifer bereit für eine neue Herausforderung. Sie verkaufte ihr Schiff, ihr Auto und den Großteil ihres Besitzes und buchte einen einfachen Flug nach Bali. „Es war nicht leicht, alle und alles zurückzulassen, aber ich wusste, dass ich meinen Traum verfolgen musste", sagt die 35-Jährige.

Nach der Ankunft in Indonesien arbeitete Yenifer drei Jahre als Surf-Fotografin und -Lehrerin und sparte Geld, bis sie genug zusammen hatte, um ihr eigenes Frauen-Surf-Retreat zu gründen. „Fünf Monate vor meinem 30. Geburtstag eröffnete ich Salti Hearts, und in weniger als sechs Monaten betrieb ich zwölf Retreats."

Sich seinen Traum zu erfüllen, bringt neue Herausforderungen mit sich, und Yenifer blieb davon nicht verschont: Sie begann mit nichts, ganz allein, auf der anderen Seite der Welt; sie musste Indonesisch und die balinesische Kultur verstehen lernen und ihr eigenes Unternehmen mit all den bürokratischen und finanziellen Strapazen aufbauen, um nur einige Herausforderungen zu nennen.

„Als ich Salti Hearts startete, machte ich alles", sagt Yenifer.

„Ich war Gastgeberin, Surflehrerin, Yogalehrerin, Fitnessberaterin, zuständig für Texte und soziale Medien, Verwalterin, Buchhalterin. Nicht nur, weil ich es musste, um Geld zu sparen, sondern auch, weil ich jeden Geschäftsbereich meines Unternehmens verstehen wollte, um sicherzustellen, dass es organisch und aus dem Herzen heraus wuchs."

Nach fünf Jahren floriert Yenifers Unternehmen heute. Sie und ihr sechsköpfiges Team managen zwei Retreats im Monat in Indonesien und nun auch in Mexiko. Da ihre Arbeit ein Saisongeschäft ist, kann Yenifer während der Regenzeit auf Bali drei Monate freinehmen, um sich ganz auf ihre Geschäftsstrategie zu konzentrieren und im Namen der Recherche neue Surfziele zu bereisen.

Yenifers Tipps:

- Beginne jede Woche mit einem <u>20-minütigen Meeting mit dir selbst</u>. Überlege, was klappt und was nicht. Notiere dir Dinge, die du in dieser Woche erreichen willst.

- <u>Podcasts sind eine großartige Inspirations- und Motivations-quelle</u>. Ich mag ,Water People' von Lauren L. Hill und Dave Rastovich.

- Betrachte jeden, der in dein Leben tritt, als <u>Lehrer</u>: <u>Bleib offen</u> für das, was du <u>von ihm lernen kannst</u>.

saltihearts.com
@saltihearts

Die bildende Künstlerin
über ihren Hang zur Freiheit

„Ein Künstlerleben bedeutet ein freies Leben, denn du bist nicht länger an einen geregelten Arbeitstag gebunden.“

Für die bildende Künstlerin Sarko Meené gibt es keinen typischen Arbeitstag. Das Arbeitspensum der 35-Jährigen variiert je nach den Projekten, an denen sie arbeitet – von Gemälde- und Skulpturausstellungen für das renommierte armenische Cafesjian Center of the Arts bis hin zu großformatigen Installationen für Hotels, Privathäuser oder Restaurants. „So ist ein kreatives Leben eben“, sagt sie. „Kein gemächlicher langweiliger Lauf, sondern Sprints und Ruhepausen.“

Die Analogie zum Sport ist kein Zufall. Bevor Sarko sich 2013 der Kunst zuwandte, spielte sie 16 Jahre professionell Tennis, davon 8 Jahre in den USA, während sie gleichzeitig freiberuflich im Eventmanagement arbeitete. Ihr Tennis-Hintergrund half ihr finanziell, da sie heute nebenbei als Ernährungsberaterin und Personal Trainerin arbeitet, und auch bei ihrem Arbeitsprozess als Künstlerin. „Ich arbeite nur an Bildern, wenn eine Ausstellung ansteht", sagt sie. „Meine Tennis-Karriere hat mich gelehrt, immer wieder explosionsartig zu beschleunigen, denn wenn ich mich jeden Tag der Kunst widme, erschöpft sie mich."

Es sei ein ständiger Kampf, so Sarko, die Motivation auf hohem Niveau zu halten. „Wenn du dir deine eigene Welt erschaffst, dann kann niemand sie dir lebendig halten, und wenn du bummelst, dann bricht alles zusammen." Wenn sie in ihrer Phase des Nichtstuns versackt, dann, so Sarko, verbringe sie entweder Zeit mit anderen Kreativen, um Inspiration zu finden, oder schließe mit sich oder einem guten Freund eine Wette ab. „Ich sage ‚Wenn ich heute nicht arbeite, dann …' Die tief in mir steckende Mentalität einer Athletin lässt mich keine Wetten verlieren, sodass ich mich dann immer aufraffe und tue, was zu tun ist", sagt sie.

Um mit der Kunst, für die sie pro Werk zwischen 1.000 Dollar (880 Euro) und 6.000 Dollar (5.280 Euro) aufruft, ihren Lebensunterhalt zu bestreiten, hat Sarko ihr geschäftliches Denken auf ihre Arbeit übertragen. „Ich erschaffe nicht nur etwas, sondern ich arbeite auch hart daran, meine Kunst zu verkaufen und zu vermarkten", sagt sie. „Wenn du dir die Großen der Kunst anschaust, angefangen bei Picasso, dann wussten sie, wie sie ihre Arbeiten verkaufen und sich selbst präsentieren mussten."

Sarko lebt in Armeniens pulsierender Hauptstadt Eriwan in einer kleinen Atelierwohnung, die sie zusammen mit Freunden mit wenig Aufwand renoviert hat. Sie hat die Küche mit recycelten Materialien komplett neu eingerichtet und färbt ihre Kleidung mit Naturfarben. „Alles, was ich tue, ist kreativ", sagt sie. „Ich habe keinen festen Plan, keinen Chef, keine aufgezwungenen Verpflichtungen. Manchmal habe ich viel Geld, manchmal wenig, aber ich bin ständig mit neuen Projekten beschäftigt, die mich anregen und glücklich machen."

Sarko Selbstporträt, 2014, Öl und Aquarell

Unbemerkt, 2018, Metalldraht mit
Leinwand-Hintergrund

Sarkos Tipps:

- Sieh die Kunst nicht allzu romantisch. Du musst immer <u>sehr organisiert und diszipliniert</u> sein und dich <u>weiterbilden</u>, um erfolgreich zu sein.

- Die <u>größten Lehrmeister</u> sind <u>Bücher</u> und <u>inspirierende Redner</u>. Durch das Internet und YouTube findest du leicht Zugang dazu.

- Wenn du nicht viel Geld verdienst, <u>gib weniger aus</u>, und es ist auch okay.

sarkomeene.com
@sarkomeene

Rohan Hoole und Isabel Kücke

Die nachhaltigen Designer über
das Lernen aus Fehlern

„*Es ist wichtig, flexibel zu sein und aus seinen Fehlern zu lernen.*"

Ein möglichst großes Geschäft aufzuziehen, war nie das Ziel der in Berlin lebenden Kreativen Rohan Hoole und Isabel Kücke. Kurz nachdem sich das Paar im indischen Mumbai – wo Rohan als Videofilmer für Vogue und GQ arbeitete und Isabel unter anderem für Prada und Louis Vuitton Handstickereien produzierte – kennen und lieben lernte, entschied es sich, zusammen ein Leben und ein Geschäft aufzubauen und sich ganz der Nachhaltigkeit zu verschreiben.

„Während unserer Arbeit in Indien sahen wir unmittelbar die gesundheitsschädlichen Auswirkungen der Modeindustrie, vor allem im Hinblick auf Umweltschäden und die Ausbeutung der Arbeiter", sagt Isabel und beschreibt den Beginn ihrer nachhaltigen und radikal transparenten Modemarke HundHund.

Sie brauchten neun Monate, um zu entwerfen, Stofflieferanten und Fabriken zu finden, eine eigene Corporate Identity aufzubauen und vielerlei mehr. Sie steckten ihre ganzen Ersparnisse in die Markteinführung ihrer ersten Kollektion von ihrer Wohnung aus. „Es lief nicht besonders, denn es war ein merkwürdiger Kompromiss zwischen uns beiden ohne eine richtig ausgerichtete Markenidentität", muss Rohan zugeben. „Wir standen kurz vor dem Konkurs, hatten unser ganzes Erspartes ausgegeben, aber wir haben zueinandergefunden und eine zweite Kollektion herausgebracht, die unsere gemeinsame Vision ausdrückte. Einen Tag, nachdem wir sie online gestellt hatten, war der Verkauf achtmal so hoch." Achtzehn Monate später kann sich das Paar endlich auch ein Gehalt zahlen.

Die geteilte Vision, die schließlich zu diesen Einnahmen führte, basierte größtenteils darauf, dass Kunden über das Thema Nachhaltigkeit nachdachten. „Wir wollten Teil der Gemeinschaft von Menschen sein, die Dinge erschaffen und sich Gedanken machen, wie diese hergestellt werden", so Rohan.

Der Umzug 2018 in ein nachhaltiges Gebäude namens Lobe Block ermöglichte es ihnen, genau das zu tun. In dem Gebäude befindet sich ihr Atelier, ihr Ladenlokal und ihre Wohnung, und hat es ihnen ermöglicht, Verbindung zu anderen Kreativen herzustellen, wie etwa einem

Bio-Winzer und einem Schuhmacher, der nachhaltige Schuhe fertigt. Mit ihnen arbeiten sie heute zusammen und organisieren gelegentlich gemeinsame Events. „Als wir unser Atelier einrichteten, hatten wir nicht viel Geld, aber wir kollaborierten mit Mobel- und Leuchtenmachern, die glücklich waren, mit anderen Kreativen zusammenzuarbeiten", sagt Rohan.

Zum Lobe Block gehören auch ein Yogastudio und ein Gemeinschaftsgarten, wo Rohan und Isabel ihre Bienen halten, um die sie sich in ihrer freien Zeit kümmern. Auch der Park zum Ausführen ihres Whippets

Earl Fitz ist nicht weit. Für das Paar wird es zunehmend wichtiger, sich ein Leben außerhalb der Arbeit aufzubauen. „Ein eigenes Unternehmen zu führen, heißt, dass du für alle Entscheidungen selbst verantwortlich bist", sagt Rohan. „Das bedeutet Verantwortung und Stress, aber gleichzeitig auch viel Freiheit und Erfüllung."

Es bedeutet auch, dass die beiden reisen können, wann sie wollen, und häufig günstigen Reiseangeboten nutzen können. „Es hilft unserem kreativen Prozess, zu entfliehen und regelmäßig eine Auszeit zu nehmen", unterstreicht Rohan.

Rohans und Isabels Tipps:

- <u>Denk nicht allzu viel über Projekte nach</u>, bevor du sie anfängst. <u>Durch *learning by doing* lernt man am meisten.</u>

- Achte darauf, <u>Zeit für dich selbst einzuplanen</u>, sonst machst du dich kaputt.

- <u>Schaff dir einen Hund an.</u> Er zwingt dich, viel Zeit im Freien zu verbringen und von der geistigen Arbeit abzu- schalten.

hundhund.com
@hundvonhund

Denk über deine vergangene Woche nach

Wie schon die Surf-Camp-Gründerin Yenifer sagt, sind wöchentliche Meetings mit dir selbst wichtig, um deine Ziele und deine Entwicklung als Unternehmer klar im Blick zu behalten. Deine Ziele können alles sein – von „nochmals 100 Euro verdienen" bis „sich an einen möglichen Mentor wenden" oder „an einem Workshop teilnehmen". Schreibe diese Treffen in deinen Kalender und räume ihnen höchste Priorität ein.

Das ist eine großartige Methode, um deine eigenen Erfolge festzuhalten, zu entdecken, wie du effizienter sein kannst, und herauszufinden, ob du dir zu viel oder zu wenig vornimmst. Denk praxisnah über deinen üblichen Arbeitstag nach: Für einige ist es okay, 90 Minuten stramm durchzuarbeiten, um dann 20 Minuten Pause zu machen, während andere mit der Pomodoro-Technik von 25-Minuten-Sitzungen, unterbrochen von kurzen Pausen, besser klarkommen. Finde heraus, wie du am besten arbeiten kannst.

DEINE ERSTE SITZUNG

Die erste Woche ist anders als später, denn bei deinen kommenden Sitzungen wirst du immer zuerst die Ziele der vergangenen Woche überprüfen.

Notiere dir die Ziele, die du in deiner ersten Woche erreichen möchtest, und überleg dir auch die Schritte, die dich zu deinem Ziel führen.

PLAN

Notiere dir die Ziele, die du in dieser
Woche erreichen möchtest, und ergänze
sie um die, die von der letzten Woche
übriggeblieben sind. Schreibe die Schritte auf,
die du benötigst, um diese Ziele zu erreichen, und
achte darauf, dass sie umsetzbar sind. Frag dich
selbst, wie du deine Tage strukturieren willst,
um deine Ziele zu erreichen.

Kopiere die Liste und häng sie dort auf,
wo du sie jeden Tag siehst, denn es
ist wichtig, dass du sie dir vor
Augen führst.

RÜCKBLICK

Überprüfe die Ziele der vergangenen
Woche. Entscheide dich, welche Ziele du
behalten willst und welche nicht. Entweder
streichst du diese vollständig von der Liste oder
untergliederst sie, wenn sie vielleicht etwas
zu ambitioniert waren und nicht zu deinen
übergeordneten Zielsetzungen passen.

Überprüfe dein Budget und
deine Arbeitsstunden:
zu wenig, zu viel?

Colin Hudon

Der Teeunternehmer darüber, wie man Zyniker ignoriert

„Gib dir selbst die Erlaubnis, nicht zu beachten, was andere Leute denken."

Den Mut zu finden, das zu tun, was uns glücklich macht, ist oftmals die größte Hürde, wenn wir uns ein kreativ erfülltes Leben aufbauen wollen. Frag Colin Hudon, der lernen musste, alle Skeptiker zu überhören, um sich seinen beiden Leidenschaften Tee und chinesische Medizin zu widmen.

„Ich brauchte fast meine gesamten Zwanziger, um an einen Punkt zu kommen, an dem es mir egal war, was andere Menschen von mir dachten, und dem Weg zu folgen, der sich echt anfühlte", sagt der 38-jährige Amerikaner.

Nach seinem Abschluss in Literatur und Philosophie arbeitete Colin für das kanadische Generalkonsulat im Agrarsektor. Er arbeitete später für ein nachhaltiges Startup namens Greenopia in San Francisco, bevor er seine eigene Firma Goodlife gründete, die während der Finanzkrise 2007/2008 zusammenbrach. Ernüchtert vom Stress und Druck dieser Jobs, entschied sich Colin, der sich nebenbei für Tai Chi, Qi Yong und die Teezeremonie interessiert hatte, für das Studium der chinesischen Medizin.

Als er jedoch Familie und Freunden davon erzählte, wurde er oft verspottet. „Die Antwort war meistens: ‚Also wirklich, du kannst doch mit dem Verkauf von Schlangenöl und dem Schwenken von Kristallstäben kein Geld verdienen'", erzählt er. Und die Gründung eines Teeunternehmens wurde abgetan als „etwas, was eine gelangweilte reiche Hausfrau in ihrer Freizeit tun würde."

Colin entschied sich, nicht auf die Kritiker zu hören, und begann 2009, chinesische Medizin zu studieren. Gleichzeitig konzentrierte er sich gleichzeitig auf den Tee, was 2010 zur Gründung seines Unternehmens Living Tea führte.

Als Unternehmer, so witzelt Colin, sei er einer dieser „verrückten Menschen, die 100 Stunden pro Woche arbeiten, um nicht 40 Stunden für andere arbeiten zu müssen". Doch obwohl er sein eigener Chef ist, schafft er es immer noch, zwischen der Leitung von Living Tea und der Behandlung von Patienten in seiner Praxis für chinesische Medizin, einige Male im Jahr nach Asien zu fliegen, um dort durch die Berge zu wandern, auf der Suche nach seltenen Tees und Teeprodukten für Living Tea.

Colin weiß es zu schätzen, dass seine Arbeit es ihm ermöglicht, durch Dinge wie Akupunktur, Ernährungsberatung, Teezeremonie und Tai Chi zur Entwicklung des Gemeinwohls beizutragen. „Es ist ein schönes Gefühl, anderen helfen zu wollen, und es gibt bestimmte Eigenschaften, die wir alle bieten können, aber ich bin äußerst dankbar, dass ich wirklich etwas tun kann, um andere zu unterstützen."

Colins Tipps:

- Wenn man etwas bei Null anfängt, kostet das <u>enorm viel Arbeit</u>, <u>Aufmerksamkeit</u>, <u>Opferbereitschaft</u> und <u>Konzen-tration</u>. Man verliert leicht den Schwung, wenn man auf den „Lärm" der Neinsager hört.

- <u>Geh niemals für kurzfristige Profite Kompromisse ein</u>. Die Leute merken das und werden dir misstrauen.

- Vertraue auf wirklich gute Ratschläge von <u>Menschen, die die Grundprinzipien deines Unternehmens genau verste-hen</u>. Es ist unklug, Ratschläge von unklugen Menschen anzunehmen.

livingtea.net
@livingtea

Amber Tamm

Die Gartenbauerin über das
Überwinden von Widrigkeiten

*„Eine starke
Vision – eine, die
vielleicht sogar die
Welt verändern
kann – wird dich
voranbringen."*

Egal, wie heftig unsere Kämpfe auch sein mögen, es gibt immer eine Möglich-
keit, aus der Asche aufzusteigen und sich eine leuchtende Zukunft aufzubauen.
Das beweist die Geschichte von Amber Tamm, die mit 18 Jahren ein starkes
Trauma erlitt, als ihre Mutter von ihrem Vater ermordet wurde. Statt zuzulas-
sen, dass der Schmerz sie zerstörte, nutzte sie ihn als Motivation.

„Nach dem Tod meiner Mutter wurde ich sehr still. Nachdem ich zwei Monate kaum gesprochen und nicht viel getan hatte, ging ich hinaus in die Natur und spürte direkt, dass mir das gefehlt hatte. Ich ging los und gab meine ganzen Ersparnisse von damals 1.000 Dollar (880 Euro) für Pflanzen aus."

Amber hatte im Whitney Museum of American Art als Lehrerin für Jugendprogramme gearbeitet, entschied aber, die Stelle zu kündigen, um die Dinge zu tun, von denen sie wusste, dass sie sie glücklich machen konnten. „Durch den Tod meiner Mutter habe ich alles überdacht", sagt die 24-jährige New Yorkerin, die in einem unterprivilegierten Viertel in Brooklyn aufwuchs. „Ich verdiente gut am Whitney Museum, und von außen betrachtet sah alles perfekt aus, aber ich war total unglücklich", sagt sie.

Amber reiste zweieinhalb Jahre durch Amerika, lernte Gartenbau auf Farmen, bepflanzte Wände für Unternehmen und schloss ein Landbauprogramm auf Hawaii ab. Während ihrer Ausbildung in der Landwirtschaft hörte sie oft frauenfeindliche Bemerkungen, wie sie erzählt. „Ich bepflanzte eine grüne Wand und irgendein Typ fragte, ob ich denn wüsste, wie man ein bestimmtes Werkzeug benutze, oder ob ich wüsste, was genau ich da mache", sagt sie. „Das ist eine Haltung, die man in der Landwirtschaft und im Landschaftsbau häufig antrifft." Es war aber auch eine Zeit, die sie selbst als zutiefst therapeutisch beschreibt. „Jedes Mal, wenn ich etwas pflanzte, spürte ich, dass ich mein Trauma in die Erde eingrub und es sich in Nahrung verwandelte. Das war äußerst heilsam."

Heute verdient Amber ihren Lebensunterhalt mit Gartenbauarbeiten, Landschaftsarchitektur, Blumendekorationen und urbaner Landwirtschaft in New York, und sie bietet verschiedene Blumen- und Gartenworkshops an. „Ich möchte die Menschen inspirieren, ihr eigenes Essen anzubauen, vor allem Leute mit geringem Einkommen, die keinen Zugang zu frischen Nahrungsmitteln haben", sagt sie. „Darum biete ich Workshops mit gestaffelten Preisen an, sodass sich auch Menschen mit geringem Einkommen und Kleinunternehmen meine Dienste leisten können. Darum teile ich meinen Weg auf Instagram, damit Schwarze in meinem Alter sehen, dass sie tun können, was sie lieben, wenn sie sich ihren eigenen Weg suchen."

Es gibt immer Monate, in denen sie nicht viel verdient, und Amber muss immer noch nebenbei als Bäckerin arbeiten, um ihr Einkommen aufzubessern. Ihre Vision, die Gemeinschaft zu stärken, treibt sie an, ihre gärtnerische Arbeit fortzusetzen. „Wenn jeder nur eine Sache anbaute und die Leute zusammenkämen, um zu teilen, dann würden wir die Welt nicht so stark schädigen, und es gäbe ein stärkeres Gemeinschaftsgefühl."

Ambers Tipps:

- <u>Sprich über deine Ideen</u> mit einem Freund oder Therapeuten – so gewinnst du Klarheit.

- Ein <u>Nebenjob</u> bietet dir finanzielle Unterstützung, erweitert deine Fertigkeiten und hilft dir, neue Leute kennenzulernen.

- <u>Verbringe Zeit im Grünen</u>, etwa in botanischen Gärten oder Gemeinschaftsgärten, und nutze Zimmerpflanzen. Sie haben einen positiven Einfluss auf deinen Körper, deinen Geist und deine Seele.

ambertamm.com
@ambertamm

Jatinder Singh Durhailay
Der Maler und Musiker
über die Geduld

„*Entwickle Geduld, um zu lernen und immer besser zu werden, und zwar Schritt für Schritt.*"

Es koste Zeit, Geduld und Fleiß, die nötigen Fertigkeiten zu entwickeln, um den Lebensunterhalt mit dem zu verdienen, was man liebt, sagt der in London lebende Maler und Musiker Jatinder Singh Durhailay.

Der 30-Jährige, dessen Kunstwerke Anleihen in der indischen Sikh-Kultur nehmen und weltweit ausgestellt und verkauft werden, und der zwei Alben mit einer Verschmelzung indischer und westlicher Musik veröffentlicht hat, sagt, dass sein Erfolg vom schrittweisen Lernen und Besserwerden abhinge. „Die klassische indische Musik erfordert viel Wiederholung, und für eine Komposition kann das schon mal einige Monate des Übens bedeuten, bevor sie endlich fertig ist, ähnlich einem Gemälde", sagt er. „Das hat mich gelehrt, den Aufwand zu wertschätzen, den es braucht, um besser zu werden."

Als er sich entschied, die Kunst zum Beruf zu machen, so Jatinder, „verliebte ich mich in den kreativen Lebensstil eines Künstlers" sowie ins Malen und Zeichnen. Mit seinem abgeschlossenen Studium der Mediengestaltung und Graphic Communication merkte er schnell, dass er sich nicht von Konventionen einengen lassen wollte, die ihn als Grafikdesigner unweigerlich umgeben hätten. „Ich wollte selbstständig arbeiten, meinen Tagesablauf selbst einteilen und mit den Händen arbeiten", so Jatinder. „Ich habe nie viel darum gegeben, was andere von meiner Berufswahl als Künstler hielten; ich verfolgte meine künstlerische Karriere mit großer Leidenschaft und liebte es, Neues zu lernen. Heute konzentriert sich mein tägliches Leben darauf, schrittweise zu lernen und immer besser zu werden."

Indem er sich selbst das Malen beibrachte, und mithilfe von Tipps, die er bekam, als er als Assistent für den Künstler Conor Harrington in London arbeitete, schuf sich Jatinder das Künstlerleben, das er sich immer erträumt hatte. Er verkaufte auf Tumblr und Instagram seine ersten

Bilder, was zu einer wachsenden Zahl von Kundenaufträgen und zu Ausstellungen in Großbritannien und anderen Ländern führte. 2012 begann er, auch seine eigene Musik aufzunehmen, die er auf der Online-Plattform Soundcloud teilte, und auf kleinen Konzerten und in Workshops aufzuführen.

Heute hat Jatinder ein festes Einkommen aus dem Verkauf seiner Bilder, Drucke und CDs direkt aus dem Studio und aus seinem Onlineshop. Er und seine Frau, die

französische Künstlerin Johanna Tagada, pendeln das Jahr über zwischen London, dem ländlichen Tamil Nadu in Südindien und verschiedenen Reisezielen. „Das Kunstgeschäft verlangt definitiv einige Opfer, vor allem mit Blick auf finanzielle Sicherheiten", sagt er und merkt an, dass der Verzicht auf Alkohol, eine vegane Ernährung und das fehlende Auto helfen würden, Geld zu sparen. „Aber wir sind auch mit wenig zufrieden. Wir haben jeden Tag viel Spaß, und ein übermäßig großer Besitz verursacht nur Stress."

Jatinders Tipps:

- Du weißt es nicht, bevor du es nicht ausprobiert hast.

- Versuche, alles viel positiver zu sehen.

- Denk daran, dass du mehr Kreativität einsetzen kannst für alles, was du tust.

jatindersinghdurhailay.com
@jatindersinghdurhailay

Ich werde deine Sportlerin sein, 2018,
Gouache auf Hanfpapier

Ich werde dein Sportler sein, 2018,
Gouache auf Hanfpapier

Erlange kreative Praxis

Ohne Zeitdruck den Geist auf Wanderschaft zu schicken, ist wichtig, um den kreativen Fluss in Gang zu halten. Deshalb müssen wir uns Zeit nehmen, jeden Tag mit unserer Kreativität zu spielen. Probiere diese drei Übungen aus und überlege dir dann kreative Praktiken, die deinen Interessen und Begabungen entgegenkommen.

MORGENJOURNAL SCHREIBEN

Seit ich vor zehn Jahren Julia Camerons The Artist's Way gelesen habe, widme ich am Morgen 20 Minuten meinem „Morgenjournal". Das ist freies Schreiben. Du lässt deine Hand einfach über das Papier fließen, ohne groß über das nachzudenken, was du schreibst, bis die Zeit um ist oder du drei Seiten vollgeschrieben hast. Meistens erinnert das Geschriebene nicht an Shakespeare, aber hier geht es auch nicht um hohe Literatur. Sondern darum, kreativ zu sein, auch wenn dir gar nicht danach zumute ist.

ZEICHNEN MIT DER RECHTEN GEHIRNHÄLFTE

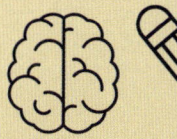

Zeichne etwas mit deiner nicht dominanten Hand – für die meisten von uns ist das die linke Hand. Diese Hand hat eine Verbindung zur rechten Gehirnhälfte, wo das meiste künstlerische Denken stattfindet. Du wirst überrascht sein, wie viel leichter dir hinterher das fantasievolle kreative Denken fällt.

FOTO-SPAZIERGANG

Nimm deine Kamera zur Hand und unternimm einen 30-minütigen Fotospaziergang. Suche dir ein einfaches Thema – etwa die Farbe Gelb oder Kreisformen – und fotografiere unterwegs dieses Thema. Ziel ist es, dich die gekannte Umgebung neu sehen zu lassen und dir zu helfen, häufiger außerhalb gängiger Muster zu denken.

Morgane Seuillot

Die Bio-Winzerin über
die richtige Balance

„Gib dir jeden Tag Zeit, um Körper und Geist wieder aufzuladen."

Wenn man hört, dass Morgane Seuillot ihr eigenes Weingut besitzt, die Domaine Dandelion in der französischen Weinregion Burgund, könnte man annehmen, dass sie ihre Tage unter anderem damit verbringt, mit einem Glas Wein in der Hand zwischen ihren Weinstöcken umherzuschlendern. Weit gefehlt. Stattdessen verbringt sie endlose Arbeitsstunden auf dem Weinberg und in der Kellerei, und sie hat einen Qualitätsanspruch, der schnell sehr zeitintensiv werden kann.

„Wenn du dein eigenes Unternehmen leitest, wird es dir irgendwann so wichtig, dass du alles Lebensnotwendige vergisst", sagt die 28-Jährige. „Meist findest du nicht genug Zeit, um auf deinen Körper achtzugeben, dich um die Familie zu kümmern oder Freunde zu besuchen, doch eigentlich sind sie der wahre Schlüssel zum Erfolg."

Aufgewachsen in Burgund, studierte Morgane Weinbau an Universitäten in Frankreich und Großbritannien und absolvierte anschließend ein einjähriges Praktikum auf einem australischen Weingut, bevor sie 2016 von ihren gesamten Ersparnissen eine zwei Hektar große Weinbaufläche im Burgund kaufte. „Ich hatte keinen einzigen Cent mehr und im ersten Jahr arbeitete ich weiterhin einige Stunden pro Woche für befreundete Winzer,

um über die Runden zu kommen", sagt sie.

Den Großteil der Arbeit auf der Domaine Dandelion übernimmt Morgane selbst, von der Weinlese und dem Beschneiden der Weinstöcke bis zu einer möglichst natürlichen Weinproduktion in einem Weinkeller, den sie sich mit zwei Freunden teilt. „Wir helfen uns gegenseitig und teilen", so Morgane. „Wir behalten die Fässer und Tanks der anderen im Augen, wenn einer im Urlaub ist, und teilen die Rechnungen. So können wir zudem Geld sparen."

Das Leben eines Winzers wird oft romantisch verklärt, doch es ist alles andere als einfach, sagt Morgane. So erlitten ihre Weinstöcke 2016 starke Frostschäden, was bedeutete, dass sie im ersten Jahr kein Geld mit ihrem Wein verdiente. Da die Arbeit

saisonal ist, muss sie während der Saison lange Tage arbeiten, ohne viel Freizeit zu haben. Und doch bezeichnet Morgane sich als „gesegnet".

„Der Weinanbau vereint zehn Jobs in einem, und so wird es mir nie langweilig", sagt sie. „Ich liebe es, im Rhythmus der Jahreszeiten zu leben. Mit der Natur zu arbeiten und sich mit ihr im Einklang zu wissen, erscheint heute fast als Luxus." Nach der Weinlese im September kann Morgane ihrer Liebe zum Reisen frönen und im Winter, wenn die Arbeit auf dem Weingut weniger wird, bleibt Zeit, um mit Freunden zu kochen, sich um Garten, Hühner und Pferde zu kümmern, und an dem heruntergekommenen Pfarrhaus aus dem 18. Jahrhundert zu arbeiten, das sie und ihr Freund gekauft haben und gerade renovieren.

Morganes Tipps:

• Nutze deine freie Zeit und achte auf deinen Körper.

• Versuche, geistige und körperliche Arbeit zu verbinden, auch wenn du dich nur um deinen Gemüsegarten kümmerst. Du wirst dich mental besser fühlen.

• Unterstütze die Gemeinschaft. Es ist harte Arbeit, sich seinen Traum zu verwirklichen. Deshalb ist es wichtig, Menschen zu haben, die einem auf dem Weg helfen.

@domaine.dandelion

99

Renu Kashyap

Die Stylistin und Autorin über die Zusammenarbeit mit den richtigen Menschen

„Mit Teamarbeit werden Träume wahr."

Renu Kashyap ist eine Frau mit vielen Talenten. Die 42-jährige geborene Amsterdamerin betreibt mit ihrem Ehemann, einem DJ, ein Bed and Breakfast im ländlichen Ibiza. Sie arbeitet als freiberufliche Moderedakteurin für Namen wie die niederländische Vogue, war Mitautorin des Coffee-Table-Buches *Ibiza Bohemia* und organisiert vierteljährlich Retreats für Mütter und Töchter.

Es mag anstrengend erscheinen, all diese Projekte am Laufen zu halten, aber da sie alle rund um das Thema Styling kreisen und Renu seit Kurzem vertrauenswürdige und zuverlässige Partner gefunden hat, ist es ihr gelungen, alle Aktivitäten völlig entspannt unter einen Hut zu bringen. „Ich war immer sehr temporeich unterwegs", sagt sie über ihr früheres Leben als Herausgeberin eines Modemagazins in ihrer Heimatstadt Amsterdam. „Ich war ein echter Workaholic und niemals irgendwo ganz." Sie sehnte sich nach einem entschleunigten Leben und einem wärmeren Klima und so kündigte Renu 2012 ihre Stelle und zog mit ihrem Ehemann und ihrer damals zweijährigen Tochter nach Ibiza.

„Als wir nach Ibiza kamen, besaßen wir nicht viel, denn wir fingen ganz von vorn an", erzählt Renu. „Aber wir brauchten auch nicht viel, denn die Lebensqualität hier ist sehr, sehr hoch, das Wetter ist immer schön und die Natur ist großartig. Deshalb braucht man sich auch nicht ständig mit Dingen zu amüsieren, die Geld kosten."

Um sich ein finanzielles Standbein auf Ibiza aufzubauen, nutzte Renu die Lage und ihre Styling-Fähigkeiten und Kontakte. Sie und ihr Mann investierten ihr Geld in die Anmietung eines Landhauses mit sieben Schlafzimmern, das Renu in die Pension Casa Amore verwandelte, in der sie heute leben. Die Veränderungen an dem Gebäude waren vor allem oberflächlicher Natur, neue Möbel, Stoffe und Leuchten, sodass der Aufwand überschaubar blieb. Und sie ersann eine sehr kostengünstige Art, um das Haus zu bewirtschaften. „Einmal im Jahr schalten wir eine Anzeige auf Facebook: Leute können umsonst hier wohnen, wenn sie

uns bei der Renovierung helfen. So sparen wir Baukosten", sagt sie.

Renu beschreibt Casa Amore als ihr „kreatives Zentrum", da sie das Haus auch als Drehort und Crew-Unterkunft für ihre Shootings nutzt, sowie als Ort für ihr Retreat My Daughter and Me, das sie zusammen mit einer Freundin

organisiert. „Es ist so wichtig, gute Partner zu finden, die deine Fähigkeiten ergänzen", sagt sie.

Renus Tipps:

- Wenn du eine Immobilie kaufen möchtest, suche dir <u>Partner, die dir helfen, deine Ideen zu finanzieren.</u>

- <u>Stell einen Businessplan auf</u> und arbeite mit einem Grafiker zusammen, damit das Ergebnis ansprechend und klar aufbereitet ist. So kannst du mögliche Investoren für das Vorhaben, für das du so brennst, eher begeistern.

- Wenn du dein Leben ändern willst, dann beginne damit, <u>verschiedene Dinge auszuprobieren</u> und <u>möglichst viele neue Leute zu treffen.</u>

angeliquehoorn.com
@renukashyap_stylist
@casaamoreibiza

103

Angus McDiarmid

Der Töpfer über ständiges Lernen

„*Stell ständig Fragen. Es existiert so viel Wissen in unseren Gemeinden.*“

Wenn man das selbst gebaute Waldhaus des australischen Töpfers Angus McDiarmid betritt, könnte man meinen, er beherrsche ein halbes Dutzend Handwerksberufe.

Doch tatsächlich hat er nur das Töpfern so richtig gelernt. Der quirlige 31-Jährige hat sich alles selbst beigebracht, was nötig war, um eine einfache Hütte in ein Töpferstudio, eine Galerie und ein Heim für sich, seine Frau Bridget und ihren einjährigen Sohn zu verwandeln. Er traf auf Zimmerleute in seiner Gemeinde und stellte ihnen jede Menge Fragen. So lernte er, Möbel, Schränke, Holzfußböden und Türen aus heimischen Hölzern herzustellen. Er baute Leuchten und stellte Fliesen und Küchenspüle aus Terrakotta her, und auch alle Klempner- und Elektrikerarbeiten übernahm er komplett selbst. „Die Leute sagen oft, sie könnten nur eine Sache, aber die Freude des Lebens liegt darin, Neues zu lernen", sagt Angus.

Angus' Suche nach einem kreativeren Leben begann 2011, als er sein Handels- und Kunststudium aufgab und sich auf eine neunmonatige Fahrradtour durch Südamerika begab und anschließend nach Indien reiste. „Ich erinnere mich, wie ich in Himachal Pradesh Chai aus einer Tontasse trank und fragte: ‚Wo werden die Tassen hergestellt?' Man sagte mir, dass in der Nähe ein Töpferdorf wäre. Ich fuhr direkt hin und endete dort in einem sechsmonatigen Töpferkurs." Nach seiner Rückkehr nach Australien googelte Angus nach Töpfern, die mit Holzöfen arbeiteten, fand in der Nähe ein Atelier und tauchte einfach dort auf. „‚Hi, ich möchte Töpfer werden!' Der Besitzer gab mir ein Buch über das Glasieren und sagte mir, ich solle in einer Woche zurückkommen. Ich las jede Seite und blieb schließlich zwei Jahre in dem Atelier."

Heute ist Angus Australiens jüngster Holzofen-Töpfer. Er arbeitet ohne Strom in seinem Outdoor-Hausatelier, das sich neben seiner kleinen Galerie befindet. Das bedeutet, dass er mehr Arbeiten direkt oder online verkaufen kann, sodass er an jedem Teil mehr verdient, da er nicht die sonst übliche Ladenkommission von 30 bis 50 Prozent zahlen muss. Er stellt seine Objekte aus gemischtem heimischem Ton her, den er selbst gräbt und auf der Fußdrehscheibe formt. Den selbst gebauten Brennofen heizt er mit selbst gespaltenem Holz.

Obgleich er das Raue und Handgefertigte seiner Arbeiten im Holzofen liebt, gibt er zu, dass das nicht immer ohne Risiko sei. Schon mehrfach hat Angus seinen Brennofen ausgeräumt, nachdem er acht bis zehn Wochen getöpfert hatte, nur um dann feststellen zu müssen, dass Produkte im Wert von 15.000 australischen Dollar (9.328 Euro) komplett zerborsten waren, was teilweise der Unbeständigkeit des heimischen Tons geschuldet ist. Die Arbeit kann geistig und körperlich sehr anspruchsvoll sein, da Angus oftmals 100 Teile am Tag töpfert, um sicherzustellen, dass er auch die Hypothek bedienen kann.

Meistens jedoch erfüllt die Arbeit Angus mit großer Freude und mit Frieden. „Ich verbringe mehr Zeit mit Kängurus und Hühnern als mit Menschen. Ich töpfere gern den ganzen Tag, während ich Musik höre und die Zeit dahinfliegt."

Angus' Tipps:

- Denk daran: <u>Dein Ego ist deinen praktischen Fähigkeiten meist drei Schritte voraus.</u>

- <u>Bring dir selbst die Dinge im Leben bei</u>, die du dir wünschst.

- <u>Lerne, etwas zu verlernen.</u> Frag dich ständig: <u>Wie kann ich das besser machen?</u>

panpottery.com
@panpottery

Jeanne de Kroon

Die ethische Modedesignerin
über ein Ziel im Leben

„*Finde etwas, von dem du glaubst, dass die Welt es braucht – baue dir darauf basierend ein Unternehmen auf.*"

Manchmal ist es ein einziger Moment, der dich den Sinn des Lebens klar erkennen lässt. Für Jeanne de Kroon, Gründerin der ethischen Modemarke Zazi Village, kam dieser Moment 2014 auf einer Reise nach Nepal.

„Ich fühlte mich ziemlich verloren, studierte Philosophie an der Uni in Berlin, feierte aber meist, als ich einen Flug nach Nepal buchte", sagte die 26-jährige Niederländerin. „Ich lief eine Gasse entlang, ganz in Schwarz gekleidet, als eine Frau aus der Gegend meine Hand ergriff und sagte: ‚Deine Augen sagen Party, aber deine Kleidung sagt etwas ganz anderes.' Sie brachte mich zu einem Secondhandladen, steckte mich in ein glitzerndes Bollywood-Outfit, und sofort fühlte ich mich wieder wie ich selbst."

Diesen lebensbejahenden Augenblick wollte sie auch anderen Frauen vermitteln, und da sie sowieso von den unethischen Produktionsweisen und der Verschwendung der Modeindustrie recht desillusioniert war, entschied sich Jeanne, ihre eigene Firma Zazi Vintage zu gründen. Obwohl sie kein Geld und keine Mittel hatte, brannte sie für die Idee, ein Unternehmen mit einer Bestimmung aufzubauen.

„Ich wusste, dass die Mode die zweitgrößte umweltverschmutzende Industrie auf unserem Planeten ist, und da wollte ich nicht noch mehr neue Kleidungsstücke produzieren", sagt sie. Stattdessen gab sie 250 Euro für exotische Vintage-Kleider aus, die ausgemustert oder als unverkäufliche Ware veräußert worden waren, als sie mit dem Geld, das sie als Yogalehrerin gespart hatte, nach Indien reiste. Zurück in ihrem Studentenzimmer in Berlin fotografierte sie sich in diesen Teilen und nutzte Facebook, Etsy und Märkte, um die Sachen zu verkaufen. Dann investierte sie den Gewinn in weitere Vintage-Stücke, richtete einen Instagram-Account ein und gab 30 Euro für die Gestaltung einer Squarespace-Website aus, die sie immer noch nutzt. Als der Gewinn stieg, begann Jeanne, ihre eigenen Teile zu entwerfen, für die sie benachteiligte Frauen in Indien anleitete und mit der Herstellung ihrer Kleider beschäftigte. Für ihre

erste Kollektion aus nur sieben Kleidern bat sie einen Freund, sie für 50 Euro zu fotografieren. Jeanne nutzte in Folge jeden Modekontakt, den sie hatte, um Zazis Botschaft in die Presse zu bringen. Innerhalb eines Jahres wurde das Label in der deutschen Vogue vorgestellt, wurde von MatchesFashion ausgewählt, und Jeanne sprach auf nachhaltigen Modeforen mit Persönlichkeiten wie Stella McCartney.

Heute lebt Jeanne größtenteils ein Nomadenleben und beschäftigt mehr als 50 benachteiligte Frau in Dörfern in Zentralasien, Afghanistan und Indien, die ihre Zazi-Entwürfe nähen. „Ich glaube, dass man sich unglücklich fühlt, wenn man merkt, dass man seine Zeit, das Wertvollste im Leben überhaupt, nicht für etwas opfert, an das man glaubt", sagt Jeanne. „Das Einzige, was ich möchte, ist, die Arbeit von noch mehr großartigen Frauen überall auf der Welt zu unterstützen."

Jeannes Tipps:

- Beginne deinen Tag mit <u>fünf Minuten Meditation</u>, damit du dich <u>auf das Wesentliche konzentrieren</u> kannst.

- <u>Geh niemals Kompromisse ein</u> und <u>bleib deinem ursprünglichen Ziel stets treu</u>.

- Ein <u>Journal zu führen</u>, ist großartig, um die <u>Ziele</u>, die du jeden Tag erreichen willst, <u>nicht aus den Augen zu verlieren</u>.

zazi-vintage.com
@zazi.vintage

Erstelle ein Moodboard

Um in einem kreativen Beruf, der sich abseits der gesellschaftlichen Norm bewegt, erfolgreich zu sein, braucht es ein Ziel, Beharrlichkeit, und, ganz wichtig, eine klare Vision. Die Erstellung eines Moodboards kann hilfreich sein, um diese Vision zu bestimmen, einschließlich der Art von Energie, Gemeinschaft und Arbeit, die du gewinnen willst.

Kaufe ein Stück Pappe in Postergröße, nimm einen Stapel alter Zeitschriften, eine Schere und eine Tube Klebstoff und mach dich daran, Bilder auszuschneiden und aufzukleben, die das Leben verkörpern, das du anstrebst. Es können Bilder von Orten und Menschen sein, aber auch Farben, Landschaften, Inneneinrichtungen und selbst Fundstücke wie Trockenblumen, Münzen oder Fotografien. Als Nächstes fügst du Wörter hinzu, die die Werte abbilden, nach denen du im Leben suchst – siehe gegenüberliegende Seite.

Dieser Prozess wird dir helfen, deiner Vision treu zu bleiben, doch er wird auch deine Kreativität freisetzen und dich aus deinem kreativen Trott herausholen, wenn er sich einschleicht. Immer, wenn du dich fragst, ob die getroffene Entscheidung die richtige ist, kannst du auf dein Moodboard schauen und wirst erkennen, ob sie damit im Einklang steht oder nicht.

Kleb auf dein Moodboard alle Bilder oder Fundstücke, die die Energie hervorrufen, von der du umgeben sein möchtest. Dann füge Wörter hinzu, die dich inspirieren. Hier sind einige Beispiele von mir.

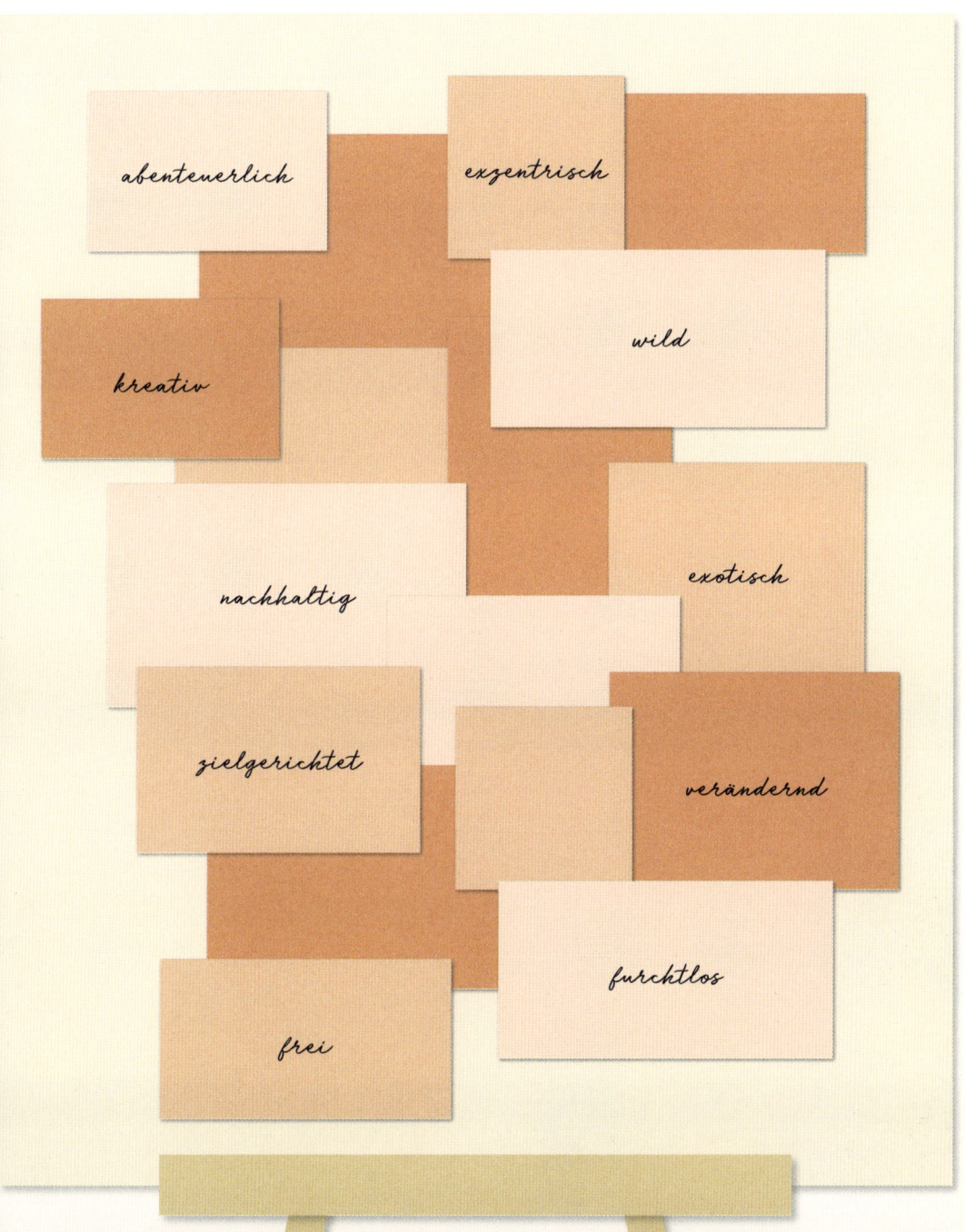

abenteuerlich

exzentrisch

wild

kreativ

nachhaltig

exotisch

zielgerichtet

verändernd

furchtlos

frei

Amanda Callan und Andrew Morris

Die Seifen- und Saucen-Hersteller
über Prioritäten im Leben

„Lass es zu, dich in einen Ort zu verlieben, und lass deine Vision darum herumwachsen."

Als Amanda Callan und Andrew Morris an Australiens mittlerer Ostküste die alte Landkirche, die heute ihr Heim ist, zum ersten Mal sahen, wussten sie, dass sie ihnen gehören musste.

Es machte ihnen nichts aus, dass die Kirche weder Küche noch Schlafzimmer hatte, im Überschwemmungsgebiet einer Kleinstadt lag, in der sie niemanden kannten, oder dass keiner von beiden einer Vollzeittätigkeit nachging. Oh, und dass Amanda mit ihrem ersten Kind schwanger war. „Die Kirche war einfach so schön, und wir entschieden uns auf der Stelle, dass wir alles daransetzen wollten, uns dort ein Leben aufzubauen", sagt Amanda.

Da die Immobilie in einem Gebiet lag, das regelmäßig überschwemmt wurde, war es günstig, und das Paar nahm jede Arbeit an, um die Rechnungen zu bezahlen. „Wir waren nicht wählerisch", sagt Amanda, die die Buchhaltung für den örtlichen Bauernmarkt übernahm, während Andrew, ein Gitarrist, den einen oder anderen Gig spielte, Lebensmittel herstellte und Gartenarbeiten übernahm, damit sie über die Runden kamen.

Um zusätzlich Geld einzunehmen, begann Amanda, die damals Naturheilkunde studierte, Naturseifen herzustellen, die sie an einem kleinen Straßenstand vor ihrer Kirche verkaufte. Bald führten Geschäfte in der Region ihre Seifen, und ihr Geschäft wuchs, während das Ehepaar nach und nach ihre Kirche in Eigenregie renovierte. Zusätzlich verkauften sie Andrews selbst gemachte Gewürzsaucen und Pickles.

„Wir stellten die Dinge selbst her, weil es uns Spaß machte, und das Geschäft wuchs von da an", sagte Andrew über ihren Laden, dem Church Farm General Store. „Heute machen wir genau das, was wir gern tun. Es gibt uns ein gutes Gefühl. Wir schaden nicht der Umwelt, und wir haben ausreichend Freizeit."

Das Ehepaar hat sich durch die Vermietung eines Apartments, das sie in ihrem Garten gebaut haben, eine passive Einnahmequelle erschlossen. Mit Absicht haben sie Church Farm General Store nicht weiter wachsen lassen und verkaufen vor allem auf Bauernmärkten und in örtlichen Geschäften. Zudem bieten sie Workshops zur Seifenherstellung an. So bleibt ihnen ausreichend Zeit für ihre beiden kleinen Kinder, um jeden Tag zu surfen, im Gemüsegarten zu arbeiten und mit ihrem alten Wohnwagen zu verreisen.

„Wir könnten unser Geschäft vergrößern, wenn wir mehr arbeiteten, aber wir mögen es, wie es jetzt ist. Deshalb arbeiten wir nicht immer den ganzen Tag lang", so Amanda. „Wir lieben unser Geschäft, aber wir lieben auch unsere Kinder und das süße Nichtstun."

Amandas und Andrews
Tipps:

- Überlege dir gut, <u>welche Art von Leben du dir wünschst</u>, dann such dir Arbeit, die sich damit vereinbaren lässt, und nicht umgekehrt.

- <u>Notiere deine wilden Ideen</u>, damit du dir darüber klar wirst, was du möchtest.

- <u>Vertraue deinem Instinkt</u>.

churchfarmgeneralstore.com
@churchfarmgeneralstore

Manon Meyering

Die Autorin und Energie-Arbeiterin
über die Wertschätzung der Reise

„Ein kreativer Prozess ist eine nie enden wollende Reise, deshalb lerne, auf den Weg zu vertrauen."

Manon Meyering glaubt daran, dass man für ein kreativ erfülltes Leben lernen muss, die Reise und ihre oftmals überraschenden Wendungen schätzen zu lernen, statt sich nur übertrieben stark auf das Endziel zu fokussieren.

Ihre Karriere nahm ihre erste unerwartete Wendung in ihren Zwanzigern, als sie, obwohl sie International Business und Sprachen studiert hatte, ihrem Instinkt folgte und für Zeitschriften arbeitete, ein Bereich, der sie seit Kindertagen fasziniert hatte. „Ich besaß zwar nicht die ,richtigen' Qualifikationen, aber ich wollte alles lernen und war entschlossen, mich zu behaupten", sagt Manon.

Sie begann als Koordinatorin, dann arbeitete sie in anderen Positionen, unter anderem als Stylistin, Redakteurin und Fotochefin, bevor sie mit 27 Jahren eine Stellung als Fashion-, Beauty- und Lifestyle-Direktorin bei einem europäischen Hochglanzmagazin ergatterte. Nachdem sie mit gesundheitlichen Problemen zu kämpfen hatte, änderte sich Manons Weg erneut, und sie begann, freiberuflich zu arbeiten. So konnte sie sich ihre Arbeit selbst einteilen und es blieb ihr mehr Zeit, ihrem spirituellen Weg zu folgen.

Manon begann eine Ausbildung als spirituelle Lehrerin und innerhalb eines Jahres gab sie Unterricht in Life-Coaching und Energieheilung und organisierte an Abenden und Wochenenden Wohlfühlkurse für Unternehmen und private Gruppen. Zur selben Zeit nahm sie eine Stelle als Direktorin für eine andere Zeitschrift an, für die sie von Argentinien und Thailand bis nach Indien und weiter reisen musste und Prominente wie Alicia Keys und Beyoncé interviewte.

2014 änderte sich Manons Weg erneut, als sie und ihr Mann nach Kenia zogen, um Eltern von ihrem kenianischen Adoptivsohn Micah zu werden. Zu Beginn lebten sie von ihren Ersparnissen und nahmen

sich die Zeit, um ihren Sohn und die Dorfgemeinschaft kennenzulernen, was dazu führte, dass Manon ihren gemeinnützigen Kunstgewerbe-Shop Naramatisho online stellte.

Heute pendelt Manon mit ihrer Familie zwischen dem niederländischen Landleben und einem Strandhaus, das sie an der Südküste Kenias gekauft haben und auch

vermieten, wenn sie in den Niederlanden sind, und umgekehrt, um zusätzlich Geld zu verdienen. Manon verbindet ihre Heilkurse weiterhin mit ihrer Arbeit für niederländische Frauenzeitschriften, für die sie regelmäßig unterwegs ist. „Der Kontrast könnte stärker nicht sein, aber die Mischung von Kreativität und Spiritualität dient meiner ,Yin-Yang-Balance'", sagt sie.

Manons Tipps:

- <u>Vergleiche dich nicht mit anderen</u>. Deine Einzigartigkeit ist deine Kraft.

- Achte auf die <u>Dinge, die dir die größte Freude bereiten</u>, und nicht auf bestimmte Jobs oder Begabungen, und bau dir damit eine neue Karriere auf.

- Wenn du freiberuflich als Journalistin arbeiten möchtest, <u>präsentiere Zeitschriften und Websites deine Ideen</u>. In der Zwischenzeit kannst du <u>mit einem Blog oder mit Social Media üben</u>.

Jess Bianchi

Der Filmemacher
über kombinierte Einkommensquellen

„*Es ist eine großartige Zeit, Künstler zu sein, denn mit viel Kreativität lässt sich zusätzliches Geld verdienen.*"

Groß angelegte Kreativprojekte dauern oft Jahre bis zu ihrer Vollendung und verschlingen jede Menge Zeit, Geld und Energie. Das fand der Filmemacher Jess Bianchi heraus, nachdem er seinen ersten Spielfilm *Given* fertiggestellt hatte, der bei seinem Start 2016 den Beifall der Kritik fand.

Für seinen Film begleiteten Jess und sein Team ein Surferpaar und ihre zwei kleinen Kinder auf deren Reise durch 15 Länder. Dafür benötigten sie insgesamt 14 Monate Reisezeit und drei Jahre unregelmäßige Bearbeitung. „Nach *Given* fühlte ich mich völlig ausgelaugt. Ich hatte so viel von mir in diesen Film eingebracht, dass mein ganzes Leben, vor allem meine Gesundheit, anschließend völlig aus den Fugen geriet", sagt der 30-jährige Amerikaner mit italienischen Wurzeln. „Seitdem habe ich für mich entschieden, dass ich idealerweise nur noch alle fünf Jahre einen Film drehe."

Um diesem Vorhaben treu zu bleiben, hat Jess einige kluge zusätzliche Einnahmequellen generiert, um die Arbeit an seinen Filmen etwas zurückzufahren. Bevor er *Given* in Angriff nahm, investierte er sein Erspartes in ein kleines Stück Land auf Hawaii, wo er aufgewachsen war. In dem einfachen Haus, das er auf dem Grundstück baute, wohnen er, seine Frau und ihr zwei Jahre alter Sohn die Hälfte des Jahres. Sie vermieten es, wenn sie in Los Angeles sind.

Bei den Dreharbeiten zu *Given* gründete Jess die kleine Produktionsfirma namens Avocados and Coconuts, die ihm half, zusätzlich etwas zu verdienen, um *Given* finanzieren zu können. Inzwischen hat er sie wieder verkauft. Noch heute sichert ihm *Given* durch den Verkauf über Netflix oder iTunes gewisse Einkünfte.

Nachdem er mit Mitte zwanzig die Filmhochschule abgeschlossen hatte, arbeitete Jess direkt in der Werbung, was ihm den Einstieg bei der Filmfirma AutoFuss verschaffte. „Damals war es ein junges Unternehmen, und ich habe dort viel gelernt, denn ich musste immer wieder andere Aufgaben übernehmen, einschließlich PA, Grip (Anm. d. Red. Techniker, der bei der Kameraführung hilft), Fotograf, Redakteur und Kameramann", sagt er.

Jess arbeitete vier Jahre lang in der Werbung, doch obwohl die Arbeit gut bezahlt war und Jess seine Fähigkeiten ideal einsetzen konnte, fühlte er sich irgendwann nicht mehr kreativ ausgelastet. „Ich fühlte mich wie gelähmt und überhaupt nicht künstlerisch herausgefordert. Ich drehte Werbefilme für Unternehmen, deren Produkte mir völlig egal waren. Also sagte ich mir: ‚Bei meiner nächsten Aufgabe lege ich mein ganzes Herzblut hinein.'" Er nahm sich eine Auszeit, um sich neu zu sortieren, und traf auf einen Freund aus Kindertagen, der schließlich die Hauptperson in *Given* wurde und ihm zeigte, wie wichtig es war, seinem Instinkt zu folgen.

Das Internet, so Jess, ist entscheidend für den Erfolg vieler kreativer Arbeiten von heute. „*Given* hätte es nie auf Netflix geschafft, wenn nicht jemand den Film online gesehen und er ihm gefallen hätte", sagt er. „Du kannst Häuser online vermieten, alles Mögliche im Internet verkaufen, die Möglichkeiten sind unbegrenzt."

Jess' Tipps:

- Ein <u>zweites Einkommen</u> abseits deiner kreativen Leidenschaft kann dir den finanziellen Druck nehmen.

- Wenn du dich für eine kreative Tätigkeit entscheidest, ist es wichtig, <u>körperlich absolut fit zu bleiben</u>.

- <u>Arbeite mit anderen Kreativen zusammen</u>, vor allem <u>in unterschiedlichen Bereichen</u>, damit du nicht allein von deiner eigenen Energie zehren musst.

giventhemovie.com
@jess__bianchi

Finde deinen Weg

Der Ort, an dem wir leben und arbeiten, bestimmt, mit wem wir uns umgeben, welches Tempo unser Leben hat, er beeinflusst unsere geistige und körperliche Gesundheit und vieles mehr. Einer der besten Kreativschübe, den du dir selbst verordnen kannst, ist daher das Reisen.

Plane eine Reise. Verpflanze dich an einen Ort, der dir eine starke kreative Energie gibt und an dem du dich mit Gleichgesinnten umgibst. Ein Ort in einer anderen Umgebung, mit einem anderen Klima, in einer anderen Kultur, dort, wo du dich zu Hause fühlst. Das kann ein einfacher zweitägiger Roadtrip sein oder, etwas aufwendiger, eine Reise ans andere Ende der Welt.

Frag dich selbst: Was bringt mir diese Reise? Bringt sie mich näher an die Natur, gibt sie mir mehr Spiritualität, kann sie mir Inspiration durch Kunst, Kultur und Farben bieten? Oder kann sich dein Geist auf einem langen Roadtrip öffnen? Diese Übersicht wird dir helfen, deine Ziele zu finden und eine Reise zu planen, die dich kreativ fordert.

Bei knapper Reisekasse ist es manchmal genauso erholsam, in der Heimat zu bleiben, statt sich zu weit entfernten Zielen aufzumachen. Außerdem solltest du an das Thema Umweltverträglichkeit denken. Wenn du regional unterwegs bist, nutze möglichst CO_2-arme öffentliche Verkehrsmittel. Wenn sich das Fliegen nicht vermeiden lässt, überlege, ob du eine Kompensation für deinen CO_2-Ausstoß zahlst, etwa bei mossy.earth oder anderen Anbietern.

ROADTRIP

Lange Strecken auf der Autobahn, interessante Kleinstädte und ganz viel Zeit zum Nachdenken – Roadtrips sind der ultimative Neustart.

ISRAEL
Von Jerusalem zum Toten Meer – Über Masada und Oase Ein Gedi (drei Tage)
Wüste Negev – Stop am Ramon-Krater und an kleinen Farmen (drei Tage)
Von Haifa nach Safed – Kunstreiche mystische Gebirgsstadt (ein Tag)

IRLAND
Wild Atlantic Way – Von Cork nach Donegal, zerklüftete Felsen, sagenhafte Buchten (zwei Wochen)
Skellig Ring – Seevögel, bunte Häuser, Wanderwege (ein Tag)
Causeway Coastal Route – Von Belfast bis zur befestigten Stadt Londonderry (zwei Tage)

AMERIKA
Von Charleston nach New Orleans – Der tiefe Süden (drei Tage)
Kaliforniens Pacific Coast Highway – Von San Francisco nach San Diego (drei Tage)
Route 66 – Quer durch die USA, mit Chicago und Grand Canyon (zwei Wochen)

AUSTRALIEN
Nullarbor-Ebene – Von West-Australiens Goldfeldern bis zur Eyre-Halbinsel (fünf Tage)
Gibb River Road – Die raue Wildnis von Kimberley, WA (sechs Tage)
Tasmaniens Ostküste – Von Orford nach St. Helens (Wochenende)

NEUSEELAND
Von Auckland nach Coromandel – großartige Strände und Buchten (drei Tagesfahrten)
Von Christchurch nach Queenstown – Über Lake Tekap, Mount Cook und Lake Wanaka (vier Tage)
Von Auckland nach Wellington – Maori-Kultur, Weinberge, heiße Quellen (vier Tage)

KUNST & KULTUR

Tauch ein in die Welt der Kunst und Kultur, und du wirst dein globales kreatives Netzwerk erweitern.

BERLIN
Kreuzberg – Herz der alternativen Künstlerszene
Museumsinsel – Fünf Weltklasse-Museen
East Side Gallery – Teilstück der Berliner Mauer, größte Open-Air-Galerie der Welt

BARCELONA
Gaudi-Architektur – La Sagrada Familia, Park Güell, Casa Batlló
Konzert im Palast der katalanischen Musik
Gotisches Viertel – Von dort zur Spitze des Montjuic für einen Blick auf die Stadt

PARIS
Centre Pompidou – Die Institution für Moderne und Gegenwartskunst in Frankreich
Cinémathèque Française – Filmgeschichte und Avantgarde-Filmvorführungen
Konzert in der Pariser Philharmonie – Heimat des Pariser Orchesters

AMSTERDAM
Rijksmuseum – Niederländische Kunst vom Mittelalter bis zur Neuzeit
Jordaan – Entdeckung des Bohème-Viertels mit Galerien und Vintage-Läden abseits des Mainstreams
De Ceuvel – Umgestaltung eines alten Industriegeländes mit Designateliers, Cafés

LONDON
Shakespeare's Globe – Open-Air-Theater
Tate Modern – Vier Kunstmuseen in einem
Barbican Centre – Kultur- und Konferenzzentrum

GEIST & SEELE

Egal, ob du dich für eine Pilgerreise, Besinnungstage oder ein spirituelles Festival entscheidest, diese Reisen werden deine Seele beruhigen.

INDIEN
Bodh-Gaya – Studium des Buddhismus
Varanasi – Meditation mit den Sadhus
Rishikesh – Yoga im Himalaya

INDONESIEN
Bali – Besuch des Ubud Spirit Festival
Java – Borobudur, größte buddhistische Tempelanlage der Welt
Nusa Penida – Besuch der unterirdischen Höhlen mit ihren sieben Schreinen

SRI LANKA
Talalla – Strand-Yoga-Retreat
Dambulla – Buddhistische Höhlentempel, dann Aufstieg zur Felsenfestung auf dem Sigiriya
Nuwara Eliya – Ruhe und Erholung in Sri Lankas Teeanbauregion

BHUTAN
Paro – Wanderung zum Tigernest-Kloster
Uma-Paro-Retreat – Yoga, Massage und Ayurveda
Verbessere dein Bruttonationalglück – Darauf konzentriert sich Bhutan, nicht auf das Bruttoinlandsprodukt

JAPAN
Hokkaido – Bad in heißen Quellen zur Beruhigung der Seele
Tokio – Folge von hier der Nakasendo-Straße auf einer zehntägigen Pilgerwanderung nach Kyoto
Kyoto – Tempel, Teehäuser, Gärten und Geishas

NATUR

Das Eintauchen in die Natur fördert die Kreativität und lässt dich über die Wunder unseres Planeten staunen.

AFRIKA
Serengeti – Beobachtung der großen Tierwanderungen
Äthiopien – Begib dich auf die Suche nach dem schwer aufzuspürenden äthiopischen Wolf im Simien-Gebirge
Botswana – Größte Elefantenbestände der Welt

KANADA
Churchill – Besuch bei den Eisbären
Neufundland – Durchquerung der abgeschiedenen Long Range Mountains
Banff – Besuche den durch Gletscherwasser gespeisten Lake Louise

ISLAND
Polarlichter – Von Mitte September bis Anfang April
Blaue Lagune – Bad in den heißen Quellen
Reynisfjara – Berühmter schwarzer Sandstrand

CHILE
Wüste Atacama – Salzwüsten, heiße Quellen, Geysire, Flamingos
Nationalpark Torres del Paine – Bergwandern in Patagonien
Elqui-Tal – Eines der besten Ziele für astro-interessierte Touristen aus aller Welt

GUATEMALA
Acatenango – Nächtlicher Vulkanaufstieg
Semuc Champey – Naturpools im Dschungel
Atitlán-See – Umringt von Vulkanen und Maya-Dörfern

FARBEN

Farben heben die Stimmung und fördern die Produktivität – und machen das Leben fröhlicher. Fang sie ein, in den schillerndsten Ländern der Erde.

MEXIKO
San Cristobal de las Casas – Kurkumafarbene Stadt im Hochland
Oaxaca – Die Stadt ist das Herz der mexikanischen Volkskunst
Tulum – Ruinen der Maya an türkisfarbenen Stränden

KUBA
Altstadt von Havana – Entdeckungstour zu Fuß
Trinidad – Spanische Kolonialsiedlung zwischen Bergen und Ozean
Havana Jazz Festival – Jedes Jahr im Januar

MAROKKO
Chefchaouen – Entdecke die blaue Stadt
Atlasgebirge – Unternimm einen Eselsritt durch burgunderrote Berge
Marrakesch – Einkaufen in den farbenprächtigen Souks

TÜRKEI
Istanbul – Hagia Sophia und Blaue Moschee; das hippe Beyoglu
Kappadokien – Ballonfahrt bei Sonnenaufgang; Übernachtung in einer Höhle
Pamukkale – Kalksinterterrassen, die auf der Liste des Weltkulturerbes stehen

PERU
Trekking zum Asaungate – fünf Tage, inklusive Regenbogenberg
Cusco – Idyllische, mit Kopfstein gepflasterte Straßen mit bunt gekleideten Einheimischen
Coquequirao – Der neue (und weniger überlaufende) Machu Picchu

ÜBER DIE AUTORIN

Nina Karnikowski hat sich eine Existenz aufgebaut, indem sie ihre beiden Leidenschaften miteinander verschmolzen hat: Schreiben und Reisen. Sie lebt in dem australischen Surf-Ort Byron Bay, schreibt Reise-Reportagen für Zeitungen, Zeitschriften und Websites, die sich auf außergewöhnliche und abenteuerliche Reisen abseits ausgetretener Pfade konzentrieren. Nina ist in ihrer Reisekarriere schon mit russischen Militäreinheiten durch die Mongolei gefahren, hat im Geländewagen die namibische Wüste erkundet, mit dem Eisbrecher die Antarktis und ist mit der Eisenbahn durch Nordindien gereist. Mehr als 60 Länder hat sie schon gesehen. Mehr über ihre Reisen und ihre Arbeit erfährst du auf travelswithnina.com oder @travelswithnina auf Instagram.

DANK

Mein tiefer Dank an alle, die in diesem Buch vorgestellt werden, für ihre Zeit und ihre Geduld, dafür dass sie mich in ihre Welt eingeladen haben, und für die Arbeit, die sie leisten. Ich hoffe, dass ich ihren inspirierenden Geschichten gerecht geworden bin.

Vielen Dank an meinen Mann, Peter Windrim, für seine Unterstützung, sein scharfes Auge, seine wunderbaren Fotos und dafür, dass er immer mein erster Leser war. An meine Mama, Mary, dafür dass sie sich immer für dieses Projekt interessiert hat, auch wenn sie nicht ganz verstanden hat, worum es ging.

Ein besonderes Dankeschön an meinen Lektor, Andrew Roff, für seine Liebe zum Detail, seine grenzenlose Begeisterung und dafür, dass er mir immer geholfen hat, die Dinge auf den Punkt zu bringen. Du bist der beste Lektor, den ich mir erhoffen konnte. Dank auch an den Rest des Teams bei Laurence King Publishing, besonders an Mariana Sameiro, die mit der Gestaltung dieses Buches einen unglaublichen Job gemacht hat, und an Henry Carroll: Ohne Dich hätte es dieses Buch nicht gegeben – Du hattest schon eine Vorstellung davon, bevor ich daran gedacht habe.

BILDNACHWEIS

S. 4: © Shuhei Tonami, tonami-s. com, @tonamishuhei; S. 6-11: © Peter Windrim, @ptrfto; S. 12-15: © Shuhei Tonami, tonami-s. com, @tonamishuhei; S. 16: © Aleena Das, aleenadas. com, @aleena.das; S. 18: © Lucas Dill, @highflyingchronicles; S. 19 (oben): © Suzanne Pijnenburg; S. 20-23: © Anna Rosa Krau, annarosa.com, @annarosakrau; S. 26-29: Dan Wilton, danwilton. co.uk, @danwiltonphoto; S. 30-33: © Jack Salter; S. 34-37: © Alex Maguire, Alex Maguire, Alex Maguire Fotografie. com, (@alexmaguirepix; S. 40: © Marie Clotilde Ramos Ibanez, (@marieclotilderamosibanez; S. 42-43: © Cyrielle Rigot, rigotang. com; S. 44-47: © Neema J. Ngelime, @thebongolese, thebongo-lese.com; S. 48: © Rhiannon Griego, rhiannongriego.com, (@rhiannonmgriego; S. 50: © Ben Renschen, @benrenschen; S. 51 (oben): © Taryn Slawson, tanuart.com, @tarynslawson; S. 51 (unten): © Rhiannon Griego, rhiannongriego.com, (@rhian-nonmgriego; S. 54: © Britney Gill@brit_gill, britneygill.com; S. 56: © Ingrid Hofstra, ingridhofstra. com, @ingridhofstra; S. 57: © Britney Gill, (@brit_gill, britneygill. com; S. 58: © Dara Muscat, (@daramuscat; S. 60: © A.J. Ragasa, @ajragasa; S. 61 (oben): © Dara Muscat, @ Daramuscat; S. 61 (Mitte): © AJ Ragasa, (@ajragasa; S. 61 (unten): © Tommaso Riva, tommasoriva. com; S. 62-65: © Mattia Passarini, mattiapassarini.com, @mattia_pas-sarini; S. 68: © Javier Castro Durand, @ cuervoxer; S. 70: © Cokoif, (@cokoif; S. 71 (oben): © Taihuka Smith, @taihuka-photography; S. 71 (Mitte, unten): © Yana Kessler, Makalani Productions, makalani.net; S. 72-75: © Areg Balayan, aregbalayan. com; S. 76-9: © Anna Rosa Krau, @annarosakrau, annarosa.com; S. 82: © Inannya Magick; S. 84: © Sam Gibb, @cloudhiddentea; S. 85: © Inannya Magick; S. 86: Curwin Laurent; S. 88-89: © Amber Tamm, ambertamm. com, @ambertamm; S. 90-93: © Johanna Tagada, johannatagada. net, @johannatagada; S. 96-99: © Julie Devarenne, @ @ julie2v; S. 100: © Daniel Balda, danielbalda.com; S. 102, S. 103 (oben): © Anne Dokter, annedokter.com; S. 103 (unten): © Daniel Balda, danielbalda.com; S. 104-107: © Peter Windrim, @ptrfto; S. 108: © Zazi Vintage, zazi-vintage.com; S. 110: © Stefan Dotter, stefandotter.com, (@stefandotter; S. 111 (links): © Zazi Vintage, zazi-vintage.com; S. 111 (rechts, oben und unten): © Stefan Dotter, stefandotter. com, @stefandotter; S. 114-117: © Peter Windrim, @ptrfto; S. 118-121: © Manon Meyering, thelifetraveller.com, @thelife-traveller; S. 122-125: © Jess Bianchi, @jess__bianchi.